全国渔业船员培训统编教材

农业部渔业渔政管理局·组编

U0644533

远洋驾驶业务

（远洋渔业船舶驾驶人员适用）

陈锦淘　张福祥　陈柏桦　主编

中国农业出版社

图书在版编目（CIP）数据

远洋驾驶业务：远洋渔业船舶驾驶人员适用 / 陈锦
淘，张福祥，陈柏桦主编 . —北京：中国农业出版社，
2017.4
全国渔业船员培训统编教材
ISBN 978 - 7 - 109 - 22863 - 4

Ⅰ. ①远… Ⅱ. ①陈… ②张… ③陈… Ⅲ. ①渔船-
远洋航行-船舶驾驶-技术培训-教材 Ⅳ. ①U674.4

中国版本图书馆 CIP 数据核字（2017）第 076924 号

中国农业出版社出版
（北京市朝阳区麦子店街 18 号楼）
（邮政编码 100125）
策划编辑　郑　珂　黄向阳
责任编辑　郑　珂　刘　玮

三河市君旺印务有限公司印刷　　新华书店北京发行所发行
2017 年 4 月第 1 版　　2017 年 4 月河北第 1 次印刷

开本：700mm×1000mm　1/16　印张：14.75
字数：230 千字
定价：48.00 元
（凡本版图书出现印刷、装订错误，请向出版社发行部调换）

全国渔业船员培训统编教材
编辑委员会

远洋驾驶业务

（远洋渔业船舶驾驶人员适用）

编写委员会

主　编　陈锦淘　　张福祥　　陈柏桦

编　者　陈锦淘　　张福祥　　陈柏桦

　　　　唐　议　　朱国平　　吴　峰

　　　　花传祥　　李　帅

丛书序

  安全生产事关人民福祉，事关经济社会发展大局。近年来，我国渔业经济持续较快发展，渔业安全形势总体稳定，为保障国家粮食安全、促进农渔民增收和经济社会发展作出了重要贡献。"十三五"是我国全面建成小康社会的关键时期，也是渔业实现转型升级的重要时期，随着渔业供给侧结构性改革的深入推进，对渔业生产安全工作提出新的要求。

  高素质的渔业船员队伍是实现渔业安全生产和渔业经济持续健康发展的重要基础。但当前我国渔民安全生产意识薄弱、技能不足等一些影响和制约渔业安全生产的问题仍然突出，涉外渔业突发事件时有发生，渔业安全生产形势依然严峻。为加强渔业船员管理，维护渔业船员合法权益，保障渔民生命财产安全，推动《中华人民共和国渔业船员管理办法》实施，农业部渔业渔政管理局调集相关省渔港监督管理部门、涉渔高等院校、渔业船员培训机构等各方力量，组织编写了这套"全国渔业船员培训统编教材"系列丛书。

  这套教材以农业部渔业船员考试大纲最新要求为基础，同时兼顾渔业船员实际情况，突出需求导向和问题导向，适当调整编写内容，可满足不同文化层次、不同职务船员的差异化需求。围绕理论考试和实操评估分别编制纸质教材和音像教材，注重实操，突出实效。教材图文并茂，直观易懂，辅以小贴士、读一读等延伸阅读，真正做到了让渔民"看得懂、记得住、用得上"。在考试大纲之外增加一册《渔业船舶水上安全事故案例选编》，以真实事故调查报告为基础进行编写，加以评论分析，以进行警示教育，增强学习者的安全意识、守法意识。

相信这套系列丛书的出版将为提高渔民科学文化素质、安全意识和技能以及渔业安全生产水平，起到积极的促进作用。

谨此，对系列丛书的顺利出版表示衷心的祝贺！

农业部副部长

2017 年 1 月

前　言

　　中国的远洋渔业从 1985 年起步以来，在党中央、国务院的高度重视和渔业行政主管部门的大力支持下，克服了重重困难，经历了从无到有，从小到大的发展过程。我国已成为世界远洋渔业大国之一，目前远洋渔船作业海域分布在 40 个国家的专属经济区及太平洋、印度洋、大西洋公海及南极海域。我国先后成为有关区域性国际渔业管理组织和多双边渔业合作的成员或参与方，参与制定有关渔业管理措施和规则。国际上对公海性和过洋性的远洋渔业监管日趋严格，但我国目前的远洋渔业管理水平尚难以适应，尤其是渔业船员的知识及文化水平普遍较低，因而难以适应新的国际渔业管理形式。针对上述问题，笔者在参与制定渔业船员考试大纲时，着重要求学员掌握有关国际渔业管理及航行的要求，以避免或减少涉外渔业安全事件的发生。

　　《远洋驾驶业务（远洋渔业船舶驾驶人员适用）》一书主要是根据 2014 年颁布实施的《中华人民共和国渔业船员管理办法》和《1995 年国际渔船船员培训、发证和值班标准公约》（简称《STCW—F 1995 公约》）的相关规定以及《农业部办公厅关于印发渔业船员考试大纲的通知》（农办渔〔2014〕54 号）中关于渔业船员理论考试和实操评估的要求，针对远洋渔业驾驶人员的特点编写而成，适用于远洋船舶驾驶人员的考试和培训。

　　全书由法律法规、航海、气象、航海英语四个部分组成。法律法规由唐议、朱国平、陈锦淘、吴峰、花传祥、李帅编写，航海、气象由张福祥、陈柏桦负责编写，航海英语由陈锦淘编写。全书由陈锦淘负责统稿。本书编写以远洋渔业职务船员实用技能知识掌握为主线，侧重船舶驾驶人员的远洋渔业知识的学习，内容通俗易懂，便于读者掌握。

本书适用于从事远洋渔业船舶驾驶的人员，读者可以根据各自所考证书的等级，选取合适的内容进行学习，每部分的学习时间要符合《中华人民共和国渔业船员管理办法》规定的学时要求。

由于编者水平和时间所限，书中不妥之处在所难免，诚望读者批评指正。

编　者

2017 年 1 月

目 录

丛书序

前言

第一篇 法律法规

第一章 有关远洋渔业的国际公约与管理制度 ……………………………… 3

第一节 《联合国海洋法公约》介绍 …………………………………… 3

一、海洋法的概念 ……………………………………………………… 3

二、海洋法的主要内容 ………………………………………………… 4

第二节 《联合国海洋法公约》基础知识 ……………………………… 4

一、内水及其渔业管理 ………………………………………………… 4

二、领海及其渔业管理 ………………………………………………… 6

三、毗连区及其渔业管理 ……………………………………………… 9

四、群岛国和群岛水域及其渔业管理 ………………………………… 9

五、专属经济区及其渔业管理 ………………………………………… 11

六、大陆架及其渔业管理 ……………………………………………… 14

七、公海及其渔业管理 ………………………………………………… 15

第三节 《促进公海渔船遵守国际养护和管理措施的协定》

相关内容 ………………………………………………………… 18

一、协定的基本框架和适用范围 ……………………………………… 19

二、协定的主要内容 …………………………………………………… 19

第四节 《执行 1982 年 12 月 10 日〈联合国海洋法公约〉有关养护和管理

跨界鱼类种群和高度洄游鱼类种群的规定的协定》相关内容 …… 21

一、《联合国鱼类种群协定》基本框架和适用范围 ………………… 21

二、协定的主要内容 …………………………………………………… 22

第五节 区域性渔业管理组织及其相关制度和国际渔业管理组织、

区域管理组织有关渔业管理的规定 ………………………… 27

第六节　《濒危野生动植物种国际贸易公约》附录Ⅰ、Ⅱ、Ⅲ的
　　　　　有关规定 ……………………………………………………… 35
　一、公约简介 ……………………………………………………………… 35
　二、《CITES 公约》对水生野生动植物贸易管理 ……………………… 36

第七节　《打击 IUU 捕捞国际行动计划》的相关措施 …………………… 39
　一、IUU 捕捞定义 ……………………………………………………… 39
　二、打击 IUU 捕捞的措施 ……………………………………………… 39

第八节　国际渔业组织保护鲨鱼、海龟、海鸟等的有关规定 ………… 45
　一、鲨鱼的养护和管理 ………………………………………………… 45
　二、海龟的保护 ………………………………………………………… 47
　三、海鸟的养护和管理 ………………………………………………… 48
　四、海洋鲸豚的养护和管理 …………………………………………… 49

第九节　《港口国措施协定》相关内容 …………………………………… 50
　一、协定的目标和适用范围 …………………………………………… 50
　二、港口国措施的主要内容 …………………………………………… 50

第二章　有关远洋渔船的国际公约和管理制度 ………………………… 56
第一节　《1974 年国际海上人命安全公约》相关内容 ………………… 56
第二节　《1972 年国际海上避碰规则公约》相关内容 ………………… 58
第三节　《1989 年国际救助公约》相关内容 …………………………… 59
第四节　《1995 年国际渔船船员培训、发证和值班标准公约》
　　　　　相关内容 ……………………………………………………… 60
第五节　《〈1973 年国际防止船舶造成污染公约〉1978 年议定书》
　　　　　附则Ⅰ、Ⅱ、Ⅳ、Ⅴ相关内容 ……………………………… 62
第六节　《2001 年国际燃油污染损害民事责任公约》相关内容 ……… 66

第二篇　航　海

第三章　海图 ……………………………………………………………… 71
第一节　海图识读 ………………………………………………………… 71
　一、海图基准面和底质 ………………………………………………… 71
　二、航行障碍物和航标 ………………………………………………… 75
　三、其他图式 …………………………………………………………… 80
第二节　海图管理和使用 ………………………………………………… 81

一、图注和说明 ·· 81

二、海图管理 ··· 82

三、海图使用 ··· 83

第三节 电子海图 ··· 84

一、电子海图概述 ··· 84

二、电子海图使用 ··· 86

三、电子海图信息改正 ··· 86

四、电子海图显示与信息系统 ··· 86

第四章 航标 ·· 90

第一节 航标的作用与分类 ··· 90

一、按设置地点分类 ··· 90

二、按技术装置分类 ··· 91

第二节 海上浮标制度 ·· 91

一、国际航标协会（IALA）海上浮标制度 ·· 91

二、标志介绍 ··· 92

第五章 航海图书资料 ·· 101

第一节 航海资料目录 ·· 101

一、《海图及航海出版物目录》（catalogue of admiralty charts and publications） ······· 101

二、航用海图（nautical charts） ··· 101

三、辅助用图（thematic charts） ·· 102

四、英版航海图书（navigational publications） ···································· 102

五、英版海图图号索引（numerical indexes） ······································ 102

第二节 世界大洋航路与航路设计图 ··· 102

一、《世界大洋航路》（ocean passages for the world） ······························ 102

二、航路设计图（routing charts） ··· 104

第三节 《航路指南》 ·· 105

第四节 《进港指南》 ·· 107

第五节 《灯标与雾号表》 ·· 108

第六节 英版《无线电信号表》 ·· 109

第七节 其他资料 ·· 111

一、《航海员手册》（the marine's handbook） ····································· 111

二、里程表 ··· 112

第八节 英版航海通告及海图改正 ··· 112

一、英版《航海通告》(admiralty notices to mariners) ·············· 112

二、《航海通告年度摘要》(annual summary of admiralty notices to mariners) ······ 114

三、《航海通告累积表》(the accumulative list of notices to mariners) ·············· 114

第九节 时间在航海中的应用 ·· 114

一、航行于不同时区间的拨钟 ·· 114

二、日界线及航经日界线的日期调整 ·· 114

三、法定时 ··· 115

四、船时（ship's time, Z. T'） ·· 116

第六章 英版潮汐表及其应用 ·· 117

第一节 英版潮汐表 ·· 117

一、《潮汐表》概述 ··· 117

二、各册主要内容 ·· 117

三、潮汐表中的辅助用表 ·· 118

四、计算举例 ··· 120

第二节 潮流推算 ··· 124

一、往复流及其推算 ··· 124

二、回转流及其推算 ··· 128

第七章 航线与航行方法 ·· 131

第一节 大洋航行 ··· 131

一、大洋航行的特点 ··· 131

二、大洋航行航线类型 ··· 131

三、大圆航线 ··· 132

四、大洋航线的选择与航行注意事项 ·· 133

第二节 大洋航线运用实例 ··· 138

一、印度洋航线 ··· 138

二、大西洋航线 ··· 142

第三篇 气　象

第八章 主要海洋水文气象要素的气候分布 ······································ 147

第一节 大洋上风与浪的分布概况 ·· 147

一、狂风恶浪分布海域 ··· 147

二、成因 ··· 147

第二节 世界海洋雾的分布 ·········· 148

第三节 海冰分布概况 ·········· 149

　　一、北半球大洋 ·········· 149

　　二、南半球大洋 ·········· 150

第九章 海流 ·········· 151

第一节 世界大洋表层环流模式 ·········· 151

　　一、信风流 ·········· 151

　　二、赤道逆流 ·········· 151

　　三、西边界流 ·········· 151

　　四、西风漂流 ·········· 152

　　五、东边界流 ·········· 152

　　六、高纬冷水环流圈 ·········· 152

　　七、南极海流 ·········· 152

第二节 世界大洋主要表层海流系统 ·········· 152

　　一、太平洋的海流系统 ·········· 152

　　二、大西洋的海流系统 ·········· 153

　　三、印度洋的海流系统 ·········· 153

　　四、红海和亚丁湾的海流系统 ·········· 154

　　五、地中海和黑海的海流系统 ·········· 154

第十章 潮汐 ·········· 155

第一节 潮汐的基本成因 ·········· 155

　　一、月球的引潮力与潮汐的形成 ·········· 155

　　二、潮汐不等 ·········· 156

第二节 潮汐类型及潮汐术语 ·········· 158

　　一、潮汐类型 ·········· 158

　　二、潮汐术语 ·········· 158

第十一章 船舶气象信息的获取和应用 ·········· 161

第一节 天气图的一般知识 ·········· 161

　　一、天气图的定义 ·········· 161

　　二、天气图的种类 ·········· 161

　　三、天气图采用的时间 ·········· 161

　　四、天气图底图的投影方式 ·········· 161

第二节　船舶获取气象信息的途径及应用 ································· 162

　　一、气象传真图的获取 ·· 162

　　二、海上天气报告和警报的获取 ······································· 163

　　三、互联网站气象信息的获取 ·· 163

　　四、其他获取气象信息途径 ·· 164

　　五、船舶分析和应用气象信息 ·· 164

第三节　气象传真图概述 ··· 165

　　一、世界气象传真广播台概况 ·· 165

　　二、气象传真图的种类 ·· 165

　　三、气象传真图的图题（Heading） ··································· 165

第四节　传真天气图的识读 ·· 167

　　一、地面（实况）分析图（AS） ······································· 167

　　二、地面预报图（FS） ··· 171

　　三、热带气旋警报图（WT） ··· 172

　　四、高空图 ··· 173

第五节　传真海况图的识读 ·· 176

　　一、传真波浪图 ·· 176

　　二、传真海流图 ·· 177

　　三、传真海温图 ·· 179

　　四、传真冰况图（ice condition chart） ···························· 179

第六节　传真卫星云图 ··· 181

　　一、卫星云图的识别 ·· 181

　　二、重要天气系统的识别和跟踪 ······································· 182

第七节　气象传真图的应用 ·· 183

　　一、海上天气分析和预报 ··· 183

　　二、利用地面预报图和表层水温图测报海雾 ························· 184

第十二章　气象传真接收机的使用 ·· 186

第四篇　航海英语

LESSON ONE　VISITING THE FISHING VESSEL ··············· 191

LESSON TWO　CALLING THE PILOT STATION ··············· 194

LESSON THREE　ENTERING AND LEAVING THE PORT ··········· 197

LESSON FOUR　QUARANTINE INSPECTION ·· 202

LESSON FIVE　CUSTOMS INSPECTION ·· 205

LESSON SIX　SAFETY INSPECTION ··· 207

LESSON SEVEN　PORT INSPECTION ·· 210

LESSON EIGHT　THE DECK LOG ··· 215

第一篇
法 律 法 规

第一章 有关远洋渔业的国际
公约与管理制度

第一节 《联合国海洋法公约》介绍

一、海洋法的概念

海洋法通常也称为国际海洋法。在一般情况下，除非特别说明，海洋法即指国际海洋法，不包括一个国家对于海洋管理的国内立法。

国际海洋法，简单地讲，就是调整国家之间在海洋方面的各种活动和关系的法律、规则、原则和制度的总和。具体地说，海洋法是规定各种海域的法律地位、各国在这些海域的权利和义务以及各国在不同海域从事航行、资源开发和利用、海洋科学研究和海洋环境保护的原则、规则和制度的总和。

海洋法是国际法相对独立的一个分支，具备国际法的一切特性。海洋法所规定的权利和义务的法律主体是国家，也包括类似国家的国际组织（随着海洋法的发展，已经有很多海洋方面的国际组织，包括国际渔业管理组织，也都是海洋法的法律主体，并在海洋法的实施中发挥着重要作用）。海洋法的渊源主要是海洋方面的国际条约和国际习惯，其中最重要的是《联合国海洋法公约》。在实施方面，与其他国际法一样，海洋法的实施也主要依赖于国家的自觉、自愿遵守。

现代海洋法是在第二次世界大战以后发展起来的。在 1958—1982 年期间，联合国召开了三次专门讨论海洋法问题的国际会议。在第一次联合国海洋法会议上，通过了《领海与毗连区公约》《大陆架公约》《公海公约》和《捕鱼与养护公海生物资源公约》，在第三次联合国海洋法会议上通过了《联合国海洋法公约》。该公约于 1982 年 12 月 10 日开始开放签字，当时就有 119 个国家和组织签署。1994 年 11 月 16 日，《联合国海洋法公约》正式生效。1996 年 5 月 15 日，我国全国人大批准了《联合国海洋法公约》，我国成为第 93 个批准国，7 月 7 日将批准书交存联合国秘书长，即日起该公约对我国生效。截至 2010 年 7 月，已有 160 个国家和实体批准或加入了《联合国海洋法公约》。

除了《联合国海洋法公约》本身以外，还有两个重要的国际协定：①联合国大会于 1994 年 7 月通过的《关于执行 1982 年 12 月 10 日〈联合国海洋法公约〉第十一部分的协定》；②1995 年 8 月在联合国关于跨界鱼类种群和高度洄游鱼类种群会议上通过的《执行 1982 年 12 月 10 日〈联合国海洋法公约〉有关养护和管理跨界鱼类种群和高度洄游鱼类种群的规定的协定》（以下简称《联合国鱼类种群协定》）。这两个协定分别是为执行《联合国海洋法公约》有关国际海底区域的条款和有关跨界鱼类种群和高度洄游鱼类种群的条款的执行性的国际协定。两个协定已分别于 1996 年 7 月和 2001 年 12 月生效。

二、海洋法的主要内容

《联合国海洋法公约》有 17 个部分，总计 320 条，另有 9 个附件和包括 4 项决议书在内的会议最后文件，其内容涉及国际海洋法各个方面的问题，是迄今为止最具全面性、综合性和复杂性的海洋法公约，也是除《联合国宪章》之外最为完整和独立的一部国际法，被广泛认为是当今世界开发利用海洋的国际"宪章"。

在海洋法所包含的各项内容中，与渔业有关的主要是内水、领海、毗连区、群岛国的群岛水域、专属经济区、大陆架、公海的法律性质、基本法律制度及其中的渔业管理制度。为此，本章主要根据《联合国海洋法公约》的规定，以上述这些海域的法律性质和基本法律制度为线索阐述海洋法基本知识以及介绍这些海域的国际渔业法律制度。

第二节 《联合国海洋法公约》基础知识

一、内水及其渔业管理

内水位于一国领海基线向陆方向一侧的海域，包括海峡、海湾、海港、河口等。

1. 内水的法律地位

内水是国家领土的组成部分，它同国家陆地领土一样受国家主权的支配和控制。所有资源属沿海国所有。其法律制度应属国内法，由国家制定和实施。

任何外国船舶未经沿海国批准不得驶入。任何外国船舶经沿海国批准后，进入其内水，必须遵守沿海国的法律、规章和制度，处于沿海国的领土主权管辖之下。

2. 港口制度

沿海国有权选择一些港口对外国开放，也有权取消某一港口对外国开放以及有权制定外国船舶进出港口的规章制度。

外国船舶因遇难、遇险或送伤病员等，需要驶入有关国家港湾避难、抢险等，或进入对方内水，同样需经沿海国同意，并遵守其港口制度。有关港口制度和港湾避难的注意事项主要是以下几项。

① 进港前必须按规定向对方国家提出申请，办理手续，经批准才能进入。

② 因急避难一般应按对方指定的锚地锚泊，不进入港口。锚泊后无特殊情况，不得转移锚地。如因风浪过大，确有困难，应向对方请求调整锚地。

③ 如需进港，必须接受对方引水，并按港区规定，遵守有关航道、航速、悬挂旗帜、信号等规定。

④ 进港后应向航行主管部门办理有关手续，接受对方的港务监督、卫生、海关、移民等方面的检查。

⑤ 在港湾避风时，船舶之间不得相靠，不得转移任何物品、上下货物和人员。

⑥ 在港湾避风时，应注意对方的有关设施，让开航道。

⑦ 在港内和港湾都应保护港区水域环境，防止污染，包括生活污物排放、油料和其他废物的倾倒等。

⑧ 离港前，应向对方报告，并接受对方的检查。

⑨ 即使在港湾指定锚地避风或进港时，虽未经检查，但在离港前也应向对方报告离港时间。

总之，进入对方港口或港湾都必须根据对方国家的规定办理进出港的手续，在港内应遵守对方的各项规定。

3. 内水的渔业管理

由于内水是国家领土的组成部分，其所有资源属沿海国所有，在渔业管理上，沿海国拥有专属管辖权。

① 外国渔船未经沿海国批准不准驶入其内水，更不准在其内水从事任

何捕鱼活动；否则沿海国可根据其法律规定给以严惩，行使司法程序，包括罚款，没收渔获物、渔具和渔船，对有关人员予以判刑等。必要时，可动用军用船舶或政府船舶行使紧追权。

② 外国渔船经沿海国批准驶入其内水，或进入对方港口或港湾避风时，沿海国对船上的渔具存放都作出严格的规定，包括不准移动渔具，拖网渔具应将网板、纲索和网具分离，并捆扎起来。光诱鱿钓作业，不得开启集鱼灯、运转钓机等。如违反其有关规定，沿海国有权按其法律规定予以处罚。

二、领海及其渔业管理

领海是位于一国领海基线向海方向一侧，并具有一定宽度的长带状海域。

1. 领海宽度

根据《联合国海洋法公约》的规定，领海宽度从领海基线算起不超过12 n mile（1 n mile 等于1.852 km）。中国、日本、俄罗斯、韩国、朝鲜等国家的领海宽度均为12 n mile，但也有的国家领海宽度小于12 n mile，有的国家超过12 n mile，有的因历史原因，最大达200 n mile，如拉美的秘鲁等，但超过12 n mile的主张并没有得到《联合国海洋法公约》的承认。

2. 领海的法律地位

根据《联合国海洋法公约》的规定，国家主权及于领海的上覆水域外，还"及于领海上空及其海床和底土"。也就是国家主权和其管辖，不仅在领海的整个水域，还包括领海上面的天空及其海底和海底以下的底土。沿海国对上述领海范围内的自然资源、领海上空的飞越和领海内的航运均具有专属权利，并具有制定和实施有关法律、规章制度的权利等。

3. 领海的无害通过

由于海上船舶航行中的特殊情况，会经常通过沿海国领海。如确定的正常和经济的航线，有的需要通过有关国家的领海；进出对方国家港口，必须通过其领海等。为此，在国际海洋法中确立的领海制度中规定了"通过""无害通过"和"无害通过权"。

（1）"通过"（passage） 指船舶"持续不停和迅速进行"。这就是，外国船舶只能按正常航线、正常航速进行航行，不得任意停船、下锚或曲折航行。但是，当船舶发生故障或遇难、不可抗力或救助遇难、遇险人员、船舶或飞机时，才允许停船或下锚。

(2)"无害通过"（innocent passage） 指外国船舶在通过沿海国领海时，"只要不损害沿海国的和平、安全或良好秩序"。该公约规定了，外国船舶在领海内进行下列 12 项活动中任何一项活动均应视其通过为损害了沿海国的和平、安全或良好秩序。

① 对沿海国的主权、领土完整或政治独立进行任何武力威胁或使用武力，或以任何其他违反联合国宪章所体现的国际法原则的方式进行武力威胁或使用武力；

② 以任何种类的武器进行任何操练或演习；

③ 以任何目的在于搜集情报使沿海国的防务或安全受损害的行为；

④ 以任何目的在于影响沿海国的防务或安全的宣传行为；

⑤ 在船上起落或接载任何飞机；

⑥ 在船上发射、降落或接载任何军事装置；

⑦ 违反沿海国海关、财政、移民或卫生法律和规章，上下任何商品、货币或人员；

⑧ 违反公约规定的任何故意和严重的污染行为；

⑨ 任何捕鱼活动；

⑩ 进行研究和测量活动；

⑪ 任何目的在于干扰沿海国任何通讯系统或任何其他设施的行为；

⑫ 与通过没有直接关系的任何其他活动。

(3)"无害通过权"（right of innocent passage） 指所有国家，不论是沿海国或内陆国，其船舶均享有无害通过沿海国的领海的权利。

为了确保沿海国的和平、安全或良好秩序，沿海国可根据《联合国海洋法公约》规定和其他国际法规则制定关于无害通过领海的法律和规章，包括以下几方面。

① 航行安全和海上交通管理；

② 保护助航设备和设施以及其他设备和设施；

③ 保护电缆和管道；

④ 养护海洋生物资源；

⑤ 防止违犯沿海国的渔业法律和规章；

⑥ 保全沿海国的环境，并防止、减少和控制该环境受污染；

⑦ 海洋科学研究和水文测量；

⑧ 防止违犯沿海国的海关、财政、移民或卫生的法律和规章。

但是，沿海国应将所有这种的法律和规章妥为公布。行使无害通过领海权利的外国船舶都应遵守上述法律和规章以及防止海上碰撞的国际规章。

对于外国渔船行使无害通过权时，沿海国还采取一些特殊的规定。比较普遍的是要求船上的所有渔具予以固定位置，不得移动。更不能装卸鱼货或转载鱼货。有的还规定渔船无害通过时应通报船名、船旗国、船舶趋向目的地、船上装载鱼货情况等，必要时应接受对方国家受权的官员的检查。

4. 对外国船舶的刑事管辖权

根据《联合国海洋法公约》规定，沿海国不应在有权通过领海的外国船舶上行使刑事管辖权，以逮捕船舶通过与在该期间船上所犯任何罪行有关的任何人或进行与该罪行有关的任何调查，但下述的情况除外，即：

① 罪行的后果及于沿海国；

② 罪行属于扰乱当地安宁或领海的良好秩序的性质；

③ 经船长、或船旗国的外交代表、或领事官员请求地方当局予以协助；

④ 为取缔违法贩运麻醉品或精神调理物质。

如从内海或港湾驶出，经过领海的外国船舶，或在内海或港湾违反沿海国有关规定，或因碰撞救助等应承担义务或责任，沿海国可对该船加以管辖或扣留等。

5. 对外国船舶的民事管辖权

根据《联合国海洋法公约》规定，沿海国不应为了对通过领海的外国船舶上某人行使民事管辖权而停止其航行或改变其航向；不得为了任何民事诉讼而对该船从事执行或加以逮捕，但对该船通过沿海国水域的航行中而承担的义务或因而负担的责任除外；同时，不妨害沿海国按其法律为任何民事诉讼在领海内停泊或驶离内水后通过领海的外国船舶从事执行或加以逮捕的权利。

6. 领海的渔业管理

根据国家领海主权和领海无害通过的规定，任何外国渔船不允许擅自进入领海从事任何捕鱼活动，包括不准过驳鱼货，上下人员，否则，沿海国有权按照其养护海洋生物资源的措施和防止违犯沿海国的渔业法律和规章加以管辖。

值得注意的是，目前沿海国对外国渔船通过领海时的管理比一般商船严格。将违反渔业法律规章的行为均视为刑事犯罪，将受到严厉的惩罚，受权官员可逮捕任何被认为已经犯法的人员，扣押渔船。可动用军用船舶或政府船舶行使紧追权，必要时可采用武力。

三、毗连区及其渔业管理

毗连区位于一国领海外并毗连领海的一定宽度的海域。

1. 毗连区的宽度

根据《联合国海洋法公约》规定，毗连区的宽度是从领海基线量起，不超过 24 n mile，也就是领海外界线向海方向还有 12 n mile 宽度。

2. 毗连区的法律地位

根据《联合国海洋法公约》规定，沿海国有权在领海外设置专属经济区。值得注意的是，在各国实践中，有的国家宣布了专属经济区，有的国家未宣布专属经济区。这样，毗连区的法律地位也随之不同。凡已宣布专属经济区的国家，毗连区的法律地位为专属经济区性质，未宣布专属经济区的国家，该水域则为公海的性质。

不论毗连区的法律地位如何，根据《联合国海洋法公约》规定，沿海国在其毗连区内有权行使必要的管制主要为以下两类。

① 防止在其领土或领海内违犯其海关、财政、移民或卫生的法律和规章；

② 惩治在其领土或领海内违犯上述法律和规章的行为。

由此可见，沿海国在毗连区的管制权力可涉及海关、财政、移民和卫生等。我国颁布的领海及毗连区法中还加上了关于国家安全的管制权力。

3. 毗连区的渔业管理

根据上述的规定，外国渔船在沿海国毗连区同样不能从事捕鱼活动、上下鱼货和人员等。否则，沿海国有权加以惩罚。

四、群岛国和群岛水域及其渔业管理

这是群岛国在历次海洋法会议上，经过多年斗争才取得的海洋权益。应该明确的是，群岛国是由群岛或岛屿组成的国家。根据《联合国海洋法公约》对群岛国、群岛水域等以及其渔业管辖权的规定主要如下。

1. 群岛国

"是指全部由一个或多个群岛构成的国家，并可包括其他岛屿。"其中群岛"是指一群岛屿，包括若干岛屿的若干部分、相连的水域和其他自然地形，彼此密切相关，以致这种岛屿、水域和其他地形在本质上构成一个地理、经济和政治实体，或在历史上已被视为这种实体。"

2. 群岛水域的确定

群岛国可将群岛最外缘各岛和各干礁的最外缘各点，用直线连接成群岛基线。群岛基线所包围的水域称为群岛水域。关于群岛基线的长度、走向以及群岛水域内的陆地与水域面积之比等在《联合国海洋法公约》中均有明确的规定，如图 1-1 所示。

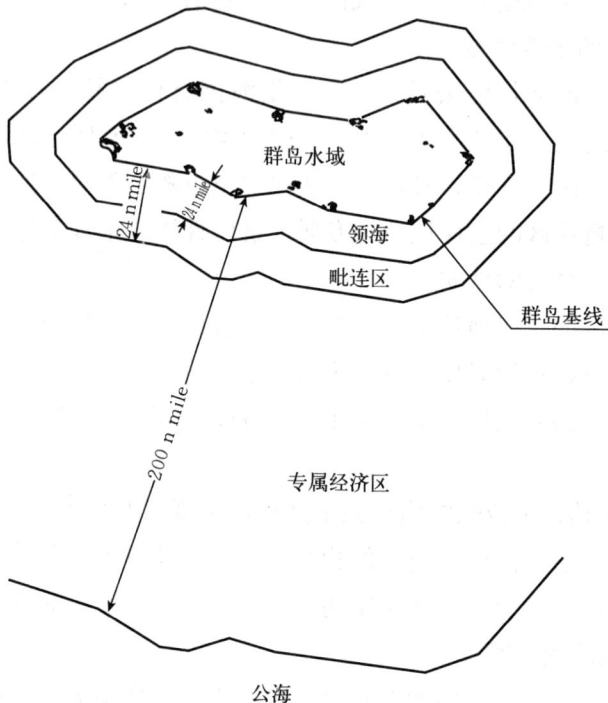

图 1-1　群岛水域示意图

3. 群岛国的领海、毗连区、专属经济区和大陆架等的宽度的测算

群岛国的领海、毗连区、专属经济区和大陆架等的宽度都应从群岛基线量起。也就是在群岛水域外尚可划定领海、毗连区和专属经济区。

4. 群岛国的内水界限的划定

按《联合国海洋法公约》的规定，群岛国可在群岛水域内的入海河口、海湾和港口等用封闭线，划定内水的界限。

5. 群岛水域的法律地位

根据《联合国海洋法公约》的规定，群岛水域法律地位是：群岛国的主权及于群岛水域（不论其深度或距岸的远近）、上空、海床和底土以及其中所包含的资源。但在行使该主权受到《联合国海洋法公约》第四部分群岛国的规定所限制，主要是以下几方面。

① 群岛国可在群岛水域内指定适当的海道和其上的空中航道，所有船舶和飞机均享有在该海道和其上的空中航道内的"群岛海道通过权"，但其通过和飞越应是继续不断和迅速。通过和飞越群岛海道和空中航道时不应偏离其中心线 25 n mile 以外。

② 所有船舶和飞机除上述的"群岛海道通过权"的限制外，所有国家的船舶均享有通过群岛水域的无害通过权。在形式上或事实上不加歧视条件下，群岛国可在正式公布后，暂时停止外国船舶在其群岛水域的特定区域内的无害通过权。

6. 群岛水域的渔业管理

根据群岛水域的法律地位，所有国家不得进入该水域从事捕鱼活动。但考虑到现有协定和直接相邻国家原在群岛水域内的捕鱼权利和其他合法活动，规定了群岛国应尊重与其他国家间的现有协定，并应承认直接相邻国家在群岛水域内的某些区域中的传统捕鱼权利和其他合法活动。有关权利和活动的性质、范围和适用的区域应与有关国家之间通过双边协定加以规定。但这类权利不应转让给第三国或其国民，或与第三国、或其国民分享。

关于群岛国的领海、毗连区和专属经济区的管辖权与沿海国相同。

五、专属经济区及其渔业管理

专属经济区是领海以外邻接领海，实施特定法律制度的一个水域。这是20 世记 40 年代后期以来发展中的沿海国在海洋法斗争中的一个焦点，并成为《联合国海洋法公约》中一项最新的重要海洋法制度。

1. 专属经济区的宽度

从领海基线量起不超过 200 n mile。

2. 专属经济区的法律制度

根据《联合国海洋法公约》的规定，沿海国在专属经济区内权利和管辖权有以下几方面。

① 沿海国享有以勘探和开发、养护和管理海床、底土和其上覆水域的自然资源（不论为生物资源和非生物资源）为目的的主权权利以及在该区内从事经济性开发和勘探，如利用海水、海流和风力生产能等其他活动的主权权利。

② 沿海国对该区内人工岛屿、设施和结构的建造和使用，海洋科学研究，海洋环境保护和保全行使管辖权。

③《联合国海洋法公约》规定的其他权利和义务。

其他所有国家，不论是沿海国或内陆国，在专属经济区内享有航行自由、飞越自由和铺设海底电缆与管道的自由以及有关公约中公海部分和其他国际法的有关规定，只要与专属经济区部分的有关规定不相抵触，均适用于专属经济区，但应适当顾及沿海国的权利和义务。

由此可见，在专属经济区内的包括渔业资源在内所有自然资源均属于沿海国，未经沿海国许可，任何国家均不准在其专属经济区开发利用其自然资源。

3. 海岸相向或相邻国家之间专属经济区界限的划定

由于专属经济区宽度较大，有关的海岸相向或相邻国家之间有可能需要进行专属经济区的界限划定，但在这些国家之间专属经济区的界限划定时，均存在着政治、经济、社会等复杂问题。根据《联合国海洋法公约》的规定，"海岸相向或相邻国家之间专属经济区界限，应在国际法院规约第三十八条所指国际法的基础上以协议划定，以便得到公平解决"，不是一定要按等距离线或中间线进行划定。同时，还规定在达成协议前，"有关各国应基于谅解和合作的精神，尽一切努力做出实际性的临时安排，并在此过渡期间不危害或阻碍最后协议的达成。这种安排应不妨害最后界限的划定。"中日、中韩渔业协定在性质上是专属经济区界限的划定之前双方做出的临时安排。

4. 专属经济区内的渔业管理

其他国家未经沿海国同意，不准进入沿海国专属经济区内从事捕捞活动。按《联合国海洋法公约》的规定，为了最适度地利用专属经济区内渔业资源，其他国家应与沿海国通过协议，允许其捕捞可捕量中的剩余部分。但是，其他国家必须根据《联合国海洋法公约》中第六十二条的规定，遵守沿海国的法律和规章中所制订的养护措施、其他条款和条件。这些规章应符合《联合国海洋法公约》，涉及的事项有以下几方面。

① 发给渔民、渔船、捕鱼装备的执照，包括交纳规费及其他形式的报酬，对发展中的沿海国而言，这种可包括有关渔业的资金、装备和技术方面的适当补偿。

② 规定可捕鱼种和确定渔获量限量。

③ 规定渔期和渔区，可使用渔具的种类、大小和数量，渔船的种类、大小和数量。

④ 确定可捕鱼类和其他鱼种的年龄和大小。

⑤ 规定渔船应提交的资料，包括渔获量和捕捞努力量统计和船位的报告。

⑥ 在沿海国授权和控制下进行渔业研究计划，包括渔获物抽样、样品处理，并提供科学报告。

⑦ 沿海国配置观察员或受训人员上船。

⑧ 在沿海国港口卸下全部或部分渔获量。

⑨ 举办合资企业和其他合作安排的条款和条件。

⑩ 对人员培训和渔业技术转让的要求。

⑪ 执行程序。

事实上，目前有关沿海国所颁布的专属经济区法令中的渔业管理规定大多均按上述内容加以具体化。但是，双方在签订协议时，也有可能另作规定。

5. 沿海国对其专属经济区内在渔业管理上执行程序

按《联合国海洋法公约》的规定，沿海国在行使主权权利时，为了确保其法律和规章得到遵守，有权采取必要措施，包括登临、检查、逮捕和进行司法程序。但是，沿海国对被逮捕的船只和船员，在提出适当的保证书或其他担保后，应迅速释放。

一般情况下，沿海国可授予渔业执法人员具有较广泛的权力，包括：

① 拦截、登临和搜查在专属经济区内的任何外国渔船；

② 检查船上的渔具、设备、船上渔获物；

③ 要求船长出示许可证、捕捞日志、航海日志和其他证件；

④ 在没有逮捕证时，也可逮捕被认为犯罪行为的任何人；

⑤ 扣留渔船、设备、运输工具、渔具等；

⑥ 扣留或没收违法捕捞的渔获物等。

在处罚方面，沿海国有权对违法的外国渔船处以罚款，或没收渔船、渔具、渔获物，或监禁。也可以同时处以罚款、没收和监禁。

6. 关于几种特殊鱼类种群的管理

《联合国海洋法公约》对跨界鱼类种群（straddling fish stocks）、高度洄游鱼类种群（highly migratory fish stocks）、溯河产卵种群（anadromous stocks)、降河产卵种群（catadromous stocks）和定居种（sedentary stocks）等的管理，做出专门的规定。

（1）**跨界鱼类种群** 指出现在两个或两个以上沿海国专属经济区的，或出现在专属经济区内又出现在专属经济区外邻接区的鱼类种群。对这类鱼类种群的管理，原则上应分别由有关的沿海国之间，沿海国与捕捞国之间，或通过区域、分区域组织就必要的养护和管理措施达成协议。

（2）**高度洄游鱼类种群** 指大洋性洄游的鱼类种群。主要有金枪鱼类、鲣、枪鱼类、旗鱼类、箭鱼、秋刀鱼、鲯鳅、大洋性鲨鱼类等。由于这类鱼类种群洄游范围较大，为了确保专属经济区内外的整个区域内的该鱼类种群的养护和促进最适度利用的目标，有关沿海国和捕捞国应通过国际组织进行合作。如该区域内无适当的国际组织，有关沿海国和捕捞国应合作设立这类组织，并参加其工作。

鉴于上述两项的规定，联合国大会曾于1995年8月通过、并于2001年12月正式生效的《联合国鱼类种群协定》中做出具体的规定。

（3）**溯河产卵种群** 指该种群在海洋中生长到一定程度后，洄游到其母鱼产卵的河中产卵。其孵化后的幼鱼重新游回海中生长。溯河产卵种群源自其河流的国家，称为鱼源国。由于鱼源国为了养护溯河产卵种群，必须采取措施，保护其河流生态环境。为此，《联合国海洋法公约》规定鱼源国和其他有关国家应就执行专属经济区外的溯河产卵种群达成协议。溯河产卵种群洄游入或通过鱼源国以外国家的专属经济区内的，该国在养护和管理溯河产卵种群方面应与鱼源国合作。目前，有关溯河产卵种群鱼源国与有关国家大多签署有关协定进行养护和管理。

（4）**降河产卵种群** 指该种群在海洋中产卵，其孵化后的幼鱼重新游回河流中生长。该鱼种不论是幼鱼或成鱼，洄游通过另一国的专属经济区的，上述国家之间应就该种群的管理，包括捕捞进行合作。

六、大陆架及其渔业管理

大陆架是指沿海国的领海外依其陆地领土的全部自然延伸，扩展到大陆边外缘的海底区域的海床和底土。也就是大陆架仅指沿海国的陆地领土向海方向的自然延伸，限于海底部分。如上述宽度从领海基线算起距离不到200 n mile，则扩展到200 n mile的距离。

1. 沿海国对大陆架的权利

根据《联合国海洋法公约》的规定，沿海国为勘探大陆架和开发其自然资源的目的行使主权权利，其自然资源包括海床和底土的矿物和其他非生物资源以及属于定居种的生物。但不影响其他国家在其上覆水域及上空具有的法律地位。

2. 大陆架的渔业管理

根据上述的规定，沿海国仅对大陆架上的定居种的生物具有勘探和开发为目的的主权权利。定居种的生物是指在可捕捞阶段在海床上或海床下不能移动或其躯体须与海床或底土保持接触才能移动的生物。典型的有贝类、藻类、底栖生物等。任何其他国家未经沿海国的同意均不得从事此类的渔业活动。

七、公海及其渔业管理

根据《联合国海洋法公约》的规定，公海不包括国家的领海、内水、专属经济区或群岛水域等在内的全部海城。但目前尚有一些国家未宣布实施专属经济区制度，则其领海外即是公海。

1. 公海的法律地位

公海对所有国家，无论是沿海国或内陆国均开放。任何国家不得将公海的任何部分置于其主权之下。公海自由成为国际海洋法的基本原则之一，也是公海制度的核心。

公海自由的含义是指：

① 不论沿海国或内陆国均有利用公海的权利；但公海只用于和平目的。

② 在国际法规则规定条件下，各国在利用公海的权利是平等的。

③ 对公海自由原则的侵犯，是违反国际法的行为。

2. 公海自由的内容

现《联合国海洋法公约》规定的公海自由包括有：

① 航行自由。

② 飞越自由。

③ 铺设海底电缆和管道自由。

④ 建造人工岛屿和其他设施的自由。

⑤ 捕鱼自由。

⑥ 科学研究自由。

本书着重介绍航行自由和捕鱼自由的有关规定。

3. 船旗、船旗国和船舶国籍

船旗是指船舶所悬挂的国旗，一般称为旗帜；船旗国是指船舶所悬挂的国旗的国家；船舶国籍是指船舶注册和登记的国家并颁发其证书。

按正常的情况下，这三者应该一致。即本国的船舶应取得该国的国籍，悬挂本国的国旗，被悬挂的国旗的国家应是该船的船旗国。但是，有些国家允许外国船舶予以登记，有些船舶为了逃避本国的严格管理，在别国进行登记，产生了"方便旗"的问题，使船舶与船旗国之间没有真正联系。事实上，这类船旗国不对该船实施真正的管辖和控制。国际上反对"方便旗"，并规定任何船舶只允许悬挂一个国家的国旗，使国家和船舶之间具有真正的联系。除船舶所有权确实已转移或变更登记外，在航行或港内均不得更换其旗帜。悬挂两国或两国以上旗帜航行并视方便而换用旗帜的船舶，任何其他国家都不得主张其中的任一国籍，并可视同无国籍船舶。

所谓无国籍船舶是得不到船旗国的保护和管辖，任何国家军舰或政府船舶都可登临和检查，必要时可扣押。

4. 船旗国的义务

根据《联合国海洋法公约》的规定，船旗国"应对悬挂该国旗帜的船舶有效地行使行政、技术及社会事项上的管辖和控制"，并根据其国内法对该船及其船长、高级船员和船员行使管辖权。

为了保证海上安全，各船旗国均应采取的必要措施为：

① 船舶的构造、装备和适航条件。

② 船舶的人员配备、船员的劳动条件和训练。

③ 信号的使用、通信的维持和碰撞的防止。

④ 定期检验船舶，船上备有必要的海图、航海出版物和航行仪器。

⑤ 配备合格的船长和高级船员，足够的合格船员。船长和高级船员都应熟悉和遵守海上人命安全、防止碰撞，控制海洋污染和维持无线电通信的有关国际规章。

⑥ 船旗国有责任负责调查其船舶与别的国家船舶因海难或航行事故造成对方国民死亡或严重伤害，或对对方船舶、设备或海洋环境造成严重伤害的每一事件。

5. 海上救助的义务

船旗国应责成其船长，在不严重危及其船舶、船员或乘客的情况下，应负有海上救助的义务：

① 救助在海上遇到的任何有生命危险的人。

② 如果得悉有遇难者需要救助的情况，尽可能从速前往拯救。

③ 碰撞后，对对方船只、船员和乘客应予救助，并向对方通报自己船名、船籍港和下一个停泊港。

尚须注意的是，一般在港内发生海事事故，应在24 h内将海事报告送交港口主管部门。如在公海或其他海城发生海事事故，发生海事事故的船舶应在到达第一港口后的48 h内将海事报告送交该港口主管部门。

6. 登临权

根据公海自由的原则，船舶在公海的管辖应是船旗国专属管辖。登临权是指任何国家的军舰、军用飞机、或经正式授权并有明显标识的政府船舶对犯有国际罪行或违反有关国际法行为的船舶，具有靠近或登临该船进行检查的权利。

根据《联合国海洋法公约》的规定，可被登临的船舶是限于：

① 该船从事海盗行为。

② 该船从事奴隶贩卖。

③ 该船从事未经许可的广播。

④ 无国籍船舶。

⑤ 该船虽悬挂外国旗帜或拒不展示其旗帜，而事实上却与该军舰属同一国籍。

如果登临检查后，依据不充分或被登临船舶未从事上述嫌疑的行为，应对该船可能遭受的任何损失或损害予以赔偿。

应该注意的是，1995年8月联合国大会通过的《联合国鱼类种群协定》中规定，分区域或区域渔业管理组织的缔约国正式授权的检查官，有权登临和检查该分区域或区域海域内的有关渔船，包括非缔约国渔船。

7. 紧追权

紧追权指沿海国主管当局认为外国船舶在其内海、领海或毗连区、专属经济区、大陆架等国家管辖范围内，违反其法律或规章时，具有对该外国船舶进行追逐的权利。

行使紧追权必须是军舰、军用飞机或经授权并有明显标识的政府船舶。追逐前必须向对方船舶在其视觉、听觉所及距离内，发出视觉、听觉的停驶信号。如对方船舶仍不停车，才可追逐。追逐必须从追逐国的内海、领海、毗连区或专属经济区内开始，应持续不断地追逐，直至公海。但该被紧追船舶进入其本国领海或第三国领海时，追逐应立即终止。如追逐过程中，中断追逐，紧追权也即终止。

在无正当理由行使紧追权，或在领海外被命令停驶或被逮捕的船舶，对此造成的任何损失或损害应予以赔偿。

8. 公海渔业的管理

根据公海自由的原则，所有国家都有权由其国民在公海上捕鱼的自由，但所有国家均应承担《联合国海洋法公约》规定的义务，均有义务为其国民采取、或与其他国家合作采取养护公海生物资源的必要措施，包括设立分区域或区域渔业组织。《联合国鱼类种群协定》对公海渔业的管理做出了一系列新的规定。具体内容在第四节中的《联合国鱼类种群协定》中阐述。

第三节 《促进公海渔船遵守国际养护和管理措施的协定》相关内容

1982 年《联合国海洋法公约》着重解决了沿海国管辖的专属经济区的渔业问题，在公海渔业资源的养护和管理方面尽管也建立了基本制度框架，但只是原则性规定。20 世纪 80 年代以来，沿海国纷纷建立专属经济区制度，并加强了管辖水域内的渔业管理。远洋渔业船队逐步转向公海，公海渔业迅速发展。《联合国海洋法公约》对公海渔业管理的原则性规定存在执行上的不足，当时区域渔业管理组织的管理措施也主要依靠成员的自觉遵守和执行，缺乏对非成员的管制措施。在此情况下，出现了有些组织的成员方的渔船为逃避管制而改挂非成员方旗帜的情况，即采用"方便旗"等手段规避管理，影响了渔业养护和管理措施的有效实施，造成有些公海渔业资源的过度捕捞或衰退。

这种公海渔业管理执行上的问题引起国际社会极大关注，联合国粮农组织于 1992 年 5 月在墨西哥坎昆召开"负责任捕鱼部长级国际会议"，要求加强公海渔业管理。同年 9 月召开的"公海渔业技术磋商会"和 11 月联合国粮农组织理事会第 102 次会议上讨论了有关公海渔船的挂旗问题，提出制定相关协定。1993 年 2 月，联合国粮农组织第 20 届渔业委员会开始起草《促进公海渔船遵守国际养护和管理措施的协定》（以下简称《遵守协定》），经两轮谈判和多次非正式磋商，1993 年 11 月，联合国粮农组织第 27 届大会一致通过该协定。2003 年 4 月 24 日，协定正式生效。目前我国尚未加入该协定。

一、协定的基本框架和适用范围

1. 协定宗旨和基本框架

《遵守协定》的宗旨，是为了加强各缔约国对从事公海捕捞作业船舶的管理，要求各国按照国际法采取有效行动，对渔船进行有效管辖和控制，防止利用改挂船旗或挂"方便旗"等手段，规避遵守国际间已达成的有关养护和管理公海生物资源的措施。

协定文本包括 1 个序言和正文 16 条，主要对船旗国在加强公海捕捞渔船的授权悬挂旗帜、捕捞许可、渔船标识等方面的责任以及建立渔船档案、加强国际合作、渔船信息交流等方面进行了规定。

2. 协定的适用范围

《遵守协定》的适用范围，针对所有在公海从事商业性捕捞、船舶长度为 24 m 及以上的渔业船舶，包括母船和直接从事公海商业性捕捞的其他任何船舶。对于船舶长度小于 24 m 的渔业船舶，应由缔约方明确这种船舶不会有损于协定的目标和宗旨时，方可豁免。

二、协定的主要内容

《遵守协定》的核心内容是在《联合国海洋法公约》所建立的公海渔业制度的基础上，强化船旗国在促进公海渔船遵守国际养护和管理措施的责任，重点是船旗国对公海渔业船舶的管理。同时，要求船旗国就公海渔船档案信息开展国际间的信息交流，并加强对公海渔船监管方面的国际合作。

1. 船旗国的责任

(1) 确保公海渔船遵守国际养护与管理措施 《遵守协定》要求每一个缔约方均必须采取有效的管理措施，以确保授权悬挂其旗帜的渔船不从事损害国际养护和管理措施的活动，否则，不予以授权挂旗。

(2) 公海捕捞许可制度 《遵守协定》要求每一个缔约方，均应对悬挂其旗帜从事公海捕捞的渔船建立许可制度，未经许可的渔船不得从事公海捕捞；经过许可在公海上进行捕捞的渔船应按照授权规定的条件进行捕捞。

在进行公海捕捞许可时，缔约方必须确保有权悬挂其旗帜的渔船与该缔约方之间的现有关系，能够使该缔约方对该渔船有效地履行《遵守协定》所规定的义务。否则，缔约方不应许可该渔船用于公海捕捞。

如果一艘渔船曾经在另外一个缔约方注册登记，而且从事过损害国际养护与管理措施的行为，缔约方就不应许可该渔船到公海上进行捕捞。但是，如果另一个缔约方的对该渔船的公海许可已经期满失效，或者该渔船在过去3年内未曾被另一缔约方撤销其公海捕捞许可，或者缔约方确信有能力确保该渔船不会再有损害国际养护和管理措施的行为，则可例外。

（3）建立渔船标识　缔约方应确保被许可的渔船具有国际公认的渔船标识，例如《粮农组织渔船标志和识别标准规格》所建立的标准，以便于在公海上随时能够识别。

（4）采取严厉的制裁措施　一旦被许可的渔船违反协定条款，缔约方应采取强制措施加以严厉制裁，包括剥夺违反者的非法所得，足以有效地确保遵守本协定。

对严重违规的公海渔船应拒绝授予、中止或撤销其被许可从事公海捕鱼的资格。

2. 公海渔船档案和信息交流制度

（1）渔船档案　缔约方应对悬挂其旗帜并获得许可从事公海捕捞的渔业船舶，建立渔船档案，并要确保所有这种渔业船舶全部登记入档。

（2）渔船信息交流　每一缔约方均应随时向联合国粮农组织提供公海渔船档案中的各渔船的有关资料。包括：船名、登记号、原名（如有）和登记港；原船旗（如有）；国际无线电呼号（如有）；船主或船主们的姓名和地址；建造地点和时间；船舶类型和长度。

缔约方还应尽可能提交以下信息：经营者（经理）姓名和地址；捕捞方法类别；型深；型宽；登记总吨位；主机或其他发动机的功率。

上述所有信息如有变更，应及时通报联合国粮农组织。缔约方对渔船档案的任何补充和删除应立即通报联合国粮农组织，包括：船主或经营者自愿放弃或不再延长捕捞权；因严重违反本协定而撤销有关渔船捕捞权；有关渔船已无权再悬挂其船旗等。

3. 国际合作

（1）信息交流合作　缔约方之间应交换有关渔业船舶活动的信息（包括违规捕鱼行为的证据材料），以协助船旗国调查从事损害国际养护和管理措施活动的悬挂该国船旗的渔船。

（2）港口国的责任　对自愿进入某一缔约方港口的渔船，如果港口国有理由认为该船从事了损害国际养护和管理措施的活动，应立即通知其船旗国；港口国可采取必要的调查措施，以查明该船是否确实违反本协定规定。

（3）非缔约方合作　鼓励非缔约方接受本协定，并鼓励根据本协定规定制定国内法。以符合国际法的方式促使悬挂非缔约方船旗的渔船不从事损害国际养护和管理措施的活动。各缔约方应直接或通过粮农组织，相互交换有关悬挂非缔约方船旗的渔船损害国际养护和管理措施的活动情况。

（4）缔结合作协定　《遵守协定》还要求，如有必要，各缔约方应酌情在全球、区域、分区域或双边基础上，缔结合作协定或作出互助安排，以便促进实现协定的目标。

第四节　《执行 1982 年 12 月 10 日〈联合国海洋法公约〉有关养护和管理跨界鱼类种群和高度洄游鱼类种群的规定的协定》相关内容

《执行 1982 年 12 月 10 日〈联合国海洋法公约〉有关养护和管理跨界鱼类种群和高度洄游鱼类种群的规定的协定》（《联合国鱼类种群协定》），于 1995 年 8 月在联合国关于跨界鱼类种群和高度洄游鱼类种群会议上通过，于 2001 年 12 月 11 日起生效。该协定的内容极大地完善了《联合国海洋法公约》有关跨界鱼类种群和高度洄游鱼类种群的养护与管理制度，特别是公海上有关这些鱼类种群的养护与管理制度，对公海渔业管理的实施具有十分重大的影响。从国际渔业管理实践的角度来看，该协定的签署和生效，进一步推动着传统公海捕鱼自由时代的结束，使公海渔业进入全面管理时代。

一、《联合国鱼类种群协定》基本框架和适用范围

（一）协定的宗旨基本框架

《联合国鱼类种群协定》的宗旨是通过有效执行《联合国海洋法公约》的有关规定，确保跨界鱼类种群和高度洄游鱼类种群的长期养护和可持续利用，通过加强和改善船旗国、沿海国和港口国之间的国际合作，使有关跨界鱼类种群和高度洄游鱼类种群的养护和管理措施得到更有效的执行。

为上述目的，协定的全部内容包括正文的 13 个部分共 50 条和两个附

件。正文的 13 个部分是：一般规定、跨界鱼类种群和高度洄游鱼类种群的养护和管理、关于跨界鱼类种群和高度洄游鱼类种群的国际合作机制、非成员与非参与方、船旗国的义务、遵守与执法、发展中国家的需要、和平解决争端、非本协定缔约方、诚意和滥用权利、赔偿责任、审查会议、最后条款。两个附件分别为：收集和分享数据的标准规定、在养护和管理跨界鱼类种群和高度洄游鱼类种群方面适用预防性参考点的准则。

（二）协定的适用范围

《联合国鱼类种群协定》主要适用于国家管辖范围外的跨界鱼类种群和高度洄游鱼类种群的养护和管理，但协定中的个别条款也适用于国家管辖范围内的这些鱼种的养护和管理。这里的鱼类包括了海洋软体动物和甲壳动物。

二、协定的主要内容

《联合国鱼类种群协定》的基本目标是通过有效执行《联合国海洋法公约》有关规定以确保跨界鱼类种群和高度洄游鱼类种群的长期养护和可持续利用。为此，协定的主要内容是改善各国之间的合作，要求船旗国、港口国和沿海国更有效地执行为跨界鱼类种群和高度洄游鱼类种群所制定的养护和管理措施。其中最重要的是，在进一步强调了船旗国的责任和义务的基础上，重点强化和发展了分区域或区域渔业管理组织和"安排"的功能和作用，并对通过各种级别的国际渔业管理组织或"安排"以收集和共享渔业数据进行了详细、具体的规定。同时，协定建立了具有实际操作性的公海渔业监测、管制、监督和执法的国际合作体系，而这种国际执法合作也主要是分区域或区域渔业管理组织或"安排"框架下的执法合作。

归纳起来，协定内容主要包括以下 9 个方面：预防性做法的适用；以生态系统为基础的管理；养护和管理措施的互不抵触；发展和使用有选择性渔具；强调船旗国的责任和义务；强化区域或分区域渔业管理组织和"安排"的功能和作用；考虑发展中国家的特殊需要；及时收集和共用完整的捕鱼活动数据；加强有效的监测、管制和监督和执法，以实施和执行养护管理措施。

（一）有关预防性做法的适用方面的内容

《联合国鱼类种群协定》规定，"各国对跨界鱼类种群和高度洄游鱼类种群的养护、管理和开发，应广泛适用预防性做法，以保护海洋生物资源和保全海洋环境",要求"各国在资料不明确、不可靠或不充足时应更为慎重。不得以科学资料不足为由而推迟或不采取养护和管理措施"。协定在附件中规定了适用预防性参考点的准则有两个:制订标准和准则的适用。

关于预防性做法的适用,协定进一步规定:如果目标种或非目标种或相关或从属种的状况令人关注,各国应根据新的资料定期修订这些措施;对新渔业或试捕性的渔业,各国应尽快制定审慎的养护和管理措施,其中应特别包括渔获量与努力量的极限,在有足够的数据以支撑就该渔业对种群的长期可持续能力的影响进行评估前,这些养护和管理措施应始终具有效力。其后,则应执行以这种影响评估为基础的养护和管理措施。如果某种自然现象对跨界鱼类种群和高度洄游鱼类种群的资源状况有重大的不利影响,各国应紧急采取养护和管理措施,以确保捕鱼活动不致使这种不利影响更趋恶化;当捕鱼活动对这些种群的可持续能力造成严重威胁时,各国也应紧急采取这种养护与管理措施。

(二)有关强调船旗国的责任和义务方面的内容

国际渔业法规发展的一个普遍趋势,就是要求船旗国在海洋生物资源的养护和管理中承担更多的责任,履行更多的义务。《联合国鱼类种群协定》规定了要求船旗国应履行的详细、具体的责任和义务。包括以下方面。

1. 船旗国为确保船只遵守协定应有相应措施

公海捕鱼国应采取可能必要的措施,确保悬挂本国旗帜的船只遵守分区域或区域养护和管理措施,并确保这些船只不从事任何破坏这些措施的活动。

2. 船旗国对船只负责

国家必须能够对悬挂本国旗帜的船只负责,只有能切实执行《联合国海洋法公约》和《联合国鱼类种群协定》的船只,方可准其用于公海捕鱼。

3. 船旗国的具体措施

船旗国应对悬挂本国旗帜的船只采取的措施主要包括以下几点。

① 采用渔捞许可证、批准书或执照等办法在公海上管制这些船只。

② 建立规章,禁止未经正式许可或批准的船只在公海捕鱼;禁止船只不按许可证、批准书或执照规定的条件在公海捕鱼;规定随船携带许可证、批准书或执照,并在经正式授权人员要求检查时予以出示;确保未经许可的悬挂本国旗帜的船舶不在其他国家管辖区域内擅行捕鱼。

③ 为批准在公海捕鱼的渔船资料建立国家级档案,并规定有关国家利

用该档案资料的条件。

④ 根据国际公认的统一渔船和渔具标识系统，对渔船和渔具的标识做出规定。

⑤ 按照分区域、区域和全球性数据收集的标准，规定记录和及时报告有关渔业数据。

⑥ 通过观察员方案、检查计划、卸货报告、渔获转载监督、上岸渔获的监测及市场统计的办法，核查目标种和非目标种的渔获量。

⑦ 监测、管制和监督这些船只的捕鱼作业和有关活动，方式包括：执行国家检查计划及分区域或区域执法的合作办法，规定必须允许经正式授权的其他国家检查员登临检查；执行国家及有关的分区域和区域观察员方案；发展和执行船只监测系统，适当时包括卫星传送系统。

⑧ 管理公海上的鱼货转载活动，确保养护和管理措施的效力不受破坏。

⑨ 管理公海捕鱼活动，以确保遵守分区域、区域或全球性措施。

此外，《联合国鱼类种群协定》还要求船旗国承担确保悬挂旗帜的船只遵守分区域和区域所规定的养护和管理跨界鱼类种群和高度洄游鱼类种群的措施的责任。为此，不论船只的违反行为发生在何处，船旗国应立即对一切涉嫌的违反行为进行全面调查，并迅速将调查进展和结果报告给提出指控的国家和有关分区域和区域渔业管理组织或"安排"的参与方。船旗国应规定任何悬挂其旗帜的船只向调查当局提供有关资料。如果认为已对涉嫌违反行为掌握足够的证据，应立即将案件送交本国当局，以便毫不延迟地依法律提起司法程序，并酌情扣押有关船只。如果船旗国根据本国法律确定船只在公海上严重违反了养护和管理措施，在执行制裁之前，应确保该船不在公海从事捕鱼作业。船旗国的调查和司法程序应迅速进行，适用于违法行为的制裁应足够严厉，并应剥夺违法者从其非法活动中所得到的利益。

（三）有关加强有效的监测、管制、监督和执法方面的内容

长期以来，公海渔业制度中存在的另一个主要问题就是缺乏有效的监测、管制、监督和执法机制。公海上船旗国管辖原则是国际法的一项基本原则，但仅靠船旗国的管辖很难确保公海渔船遵守生物资源的养护和管理措施。为进行有效的监测、管制、监督和执法，《联合国鱼类种群协定》在强调船旗国的责任和义务的同时，增加了分区域和区域的国际执法合作的规定。

1. 公海登临检查的国际合作

按照《联合国鱼类种群协定》的规定，在分区域或区域渔业管理组织或"安排"所包括的任何公海区域，作为这种组织的成员方或"安排"的参与方的缔约国，可通过经本国正式授权的检查员，按照协定规定的登临和检查的基本程序，登临和检查《联合国鱼类种群协定》任何一方缔约国的渔船，不论被登临的渔船是否为区域或分区域渔业组织或"安排"的成员或参与方的渔船。登临和检查的基本程序由各国通过分区域或区域渔业管理组织或"安排"制定。用于登临和检查的船只应有清楚标志，识别其执行政府公务的地位。

（1）对船旗国的要求　船旗国应确保渔船的船长接受检查员并为其迅速而安全的登临提供方便，对按照规定程序进行的检查给予合作和协助，不得对检查员执行职务加以阻挠、恫吓或干预。此外，船旗国还应确保船长允许检查员在登临和检查期间与船旗国和检查国当局联络，向检查员提供合理设施，包括酌情提供食宿，方便检查员安全下船。

如果船只的船长拒绝接受登临和检查，除根据有关海上安全的公认国际条例、程序和惯例而必须推迟登临和检查的情况外，船旗国应指令船长立即接受登临和检查。如船长不按指令行事，船旗国则应吊销船只的捕鱼许可并命令该船立即返回港口。在这种情况下，船旗国应将其采取的行动通知检查国。

（2）对检查国的要求　检查国应确保经其正式授权的检查员向船只船长出示授权证书，并提供有关的养护和管理措施的文本或根据这些措施在有关公海区生效的条例和规章，在登临和检查时应向船旗国发出通知，在登临和检查期间不干预船长与船旗国当局联络的能力。检查员应向船长和船旗国当局提供一份关于登临和检查的报告，并在其中注明船长要求列入报告的任何异议或声明。检查结束后未查获任何严重违法行为证据时，检查员应迅速离船。

在这些程序中，还涉及了检查中使用武力的问题："避免使用武力，但为确保检查员安全和在检查员执行职务时受到阻碍而必须使用者除外，并应以必要程度为限，使用的武力不应超过根据情况为合理需要的程度。"

在登临和检查后，若有理由确信该船曾从事任何违反为养护和管理跨界鱼类种群和高度洄游鱼类种群所订立的措施的行为，检查方应酌情搜集证据并将涉嫌的违法行为迅速通知船旗国。船旗国应在收到通知的 3 个工作日内，对通知做出答复，并应毫不延迟地进行调查。如有充分证据，则应对该船采取执法行动，并将调查结果和任何执法行动迅速通知检查国。或者，船旗国可授权检查方进行调查。

（3）经登临检查发现严重违法行为的处理　如果在登临和检查后有明显理由相信船只曾犯下《联合国鱼类种群协定》所指的严重违法行为，且船旗国未在规定时间内做出答复或采取行动，则检查员可留在船上收集证据并可要求船长协助作进一步调查，包括在适当时将船只驶往最近的适当港口，并立即将船只驶往的港口名通知船旗国。检查方应将任何进一步调查的结果通知船旗国和有关组织或有关"安排"的参与方。

这些严重违法行为包括：

① 未有船旗国颁发的有效许可证、批准书或执照进行捕鱼。

② 未按照有关分区域或区域渔业管理组织或安排的规定保持准确的渔获量数据与渔获量有关的数据，或违反该组织或安排的渔获量报告规定，严重误报渔获量。

③ 在禁渔区、禁渔期，或在未有有关分区域或区域渔业管理组织或安排订立的配额的情况下或在配额达到后捕鱼。

④ 直捕受暂停捕捞限制或禁捕的种群。

⑤ 使用违禁渔具。

⑥ 伪造或隐瞒渔船的标志、记号或登记。

⑦ 隐瞒、篡改或销毁有关调查的证据。

⑧ 多次违法行为，综合视之构成严重违反养护和管理措施的行为。

⑨ 有关分区域或区域渔业管理组织或安排订立的程序所可能规定的其他违法行为。

2. 港口国的作用和责任

除了上述船旗国和其他国家的检查外，《联合国鱼类种群协定》还规定了港口国在加强有效的监测、管制、监督和执法方面应起的作用。

港口国有权利和义务根据国际法采取措施，提高分区域、区域和全球养护和管理措施的效力，只要港口国在采取这类措施时在形式上或事实上均不歧视任何国家的船只。对自愿进入其港口或停靠其岸外码头的渔船，港口国可登临检查证件、渔具和渔获物。港口国也可制定规章授权有关国家当局在证实其渔获物为在公海上捕获，且违反了分区域、区域或全球养护和管理措施的情况下，禁止其渔获物上岸和转运。

尽管《联合国鱼类种群协定》得到了广泛的认可，作为实施该协定主体的分区域和区域国际渔业管理组织也得到了极大的发展，但对于协定中的某些条款，特别是海上国际执法合作的条款，由于与传统的国际法基本原则有一定的冲突，仍存在一定的争议。例如，长期以来，公海船舶受船旗国的专属管辖是基本国际法原则，除特殊情况外，在公海上登临外国船舶属于违反国际法的行为。然而《联合国鱼类种群协定》授权分区域或区域组织成员或"安排"参与方的缔约国，可通过经本国正式授权的检查员，登临和检查《联合国鱼类种群协定》任何一方缔约国的渔船。对此，在联合国跨界鱼类和高度洄游鱼类会议上引起了激烈的争论。《联合国鱼类种群协定》签署时，一些国家对这一问题进行了声明。

我国在签署《联合国鱼类种群协定》时，也进行了以下声明：

"……，中国政府认为，船旗国授权检查国采取执法行动涉及船旗国的主权和国内立法，经授权的执法行动，应限于船旗国授权决定所确定的行动方式与范围，检查国在这种情况下的执法行为，只能是执行船旗国授权决定的行为。"

"……只有当经核实被授权的检查员的人身安全，以及他们正当的检查行为受到被检查船上的船员或渔民所实施的暴力危害和阻挠时，检查人员方可对实施暴力行为的船员或渔民，采取为阻止该暴力行为所需的、适当的强烈措施。需要强调的是，检查人员采取的武力行为，只能针对实施暴力行为的船员或渔民，绝对不能针对整个渔船或其他船员或渔民。"

第五节　区域性渔业管理组织及其相关制度和国际渔业管理组织、区域管理组织有关渔业管理的规定

我国的远洋渔业始于 1985 年，经过 30 余年的艰苦历程，已取得了显著的成绩。截至 2015 年，已拥有 2 512 艘远洋作业渔船，远洋渔业总产量 144.4 万 t，总产值 206 亿元。远洋渔船作业海域分布在 40 个国家的专属经济区及太平洋、印度洋和大西洋公海及南极海域，远洋渔业已经成为我国海洋渔业的一个重要组成部分。我国远洋渔业生产的可持续发展，除了与国际渔业资源状态有关外，还与国际渔业组织的管理和约束有关。为使我国远洋渔业企业管理人员与海上生产者更好地开展相关工作，这里对全球主要国际

渔业管理组织的相关概况及其背景知识进行简要介绍。有关区域性渔业组织的分布如图 1-2 所示。

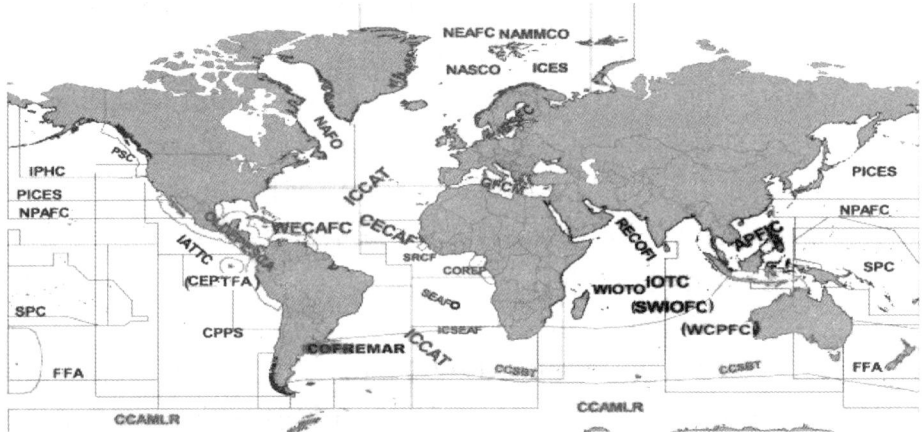

图 1-2　区域性渔业组织的分布

1. 南极海洋生物资源养护委员会（Commission for the Conservation of Antarctic Marine Resources，CCAMLR）

成立时间：根据 CCAMLR 公约成立于 1982 年。

管理水域：60°S 以南以及 60°S 和南极辐合带之间的水域，即联合国粮农组织（FAO）的 48、58 和 88 渔区。

管理鱼种：南极磷虾、南极犬牙鱼等属于南极海洋生态系统的海洋生物资源。

成员：有阿根廷、澳大利亚、比利时、巴西、智利、中国、法国、德国、印度、意大利、日本、韩国、纳米比亚、新西兰、挪威、波兰、俄罗斯、南非、西班牙、瑞典、乌克兰、英国、美国和乌拉圭 24 个国家和欧盟。中国从 2001 年起自愿执行该委员会的南极犬牙鱼产地证明书制度，2006 年 10 月加入《南极海洋生物资源养护公约》，2007 年 10 月 8 日成为南极海洋生物资源养护委员会的正式成员。

管理措施：为了对南极磷虾的养护管理，已采取了预防性的捕捞限额制度。FAO 48 海区是南极磷虾的重要捕捞水域。2000 年日本、美国、英国和俄罗斯 4 国的调查船在 48 海区共同进行同步调查，通过评估该海区的南极磷虾资源量为 4 429 万 t，从而推算出该海区南极磷虾的年间预防性捕捞限额为 400 万 t（其他海区因未进行调查，所以预防性捕捞限额未定）。2003—
2004 年南极磷虾的总渔获量为 11.8 万 t，其中日本居首位为 3.4 万 t，其次
是瓦努阿图为 2.9 万 t，韩国为 2.5 万 t，俄罗斯为 1.3 万 t，波兰和美国为
0.9 万 t，表明南极磷虾还有充分的可捕量。为了南极犬牙鱼的养护管理，
对犬牙鱼采取了限额捕捞的措施，例如，2004—2005 年犬牙鱼的捕捞限额
为 11 752 t，其中 48 海区（大西洋）为 3 960 t，58 海区（印度洋）为 4 167 t，
88 海区（太平洋）为 3 625 t。如今，CCAMLR 在管理上最大的难题是，
IUU 船（非法的、未报告的、不受管制的）对犬牙鱼的非法捕捞，为了杜
绝 IUU 船的非法捕捞，CCAMLR 已对犬牙鱼实施产地证明书制度。

2. 南方蓝鳍金枪鱼养护委员会（Commission for the Conservation of
Southern Bluefin Tuna，CCSBT）

成立时间：根据 CCSBT 条约成立于 1994 年。

管理水域：南半球 35°～55°S 南方蓝鳍金枪鱼的洄游水域（无规定界
限）以及印度洋 10°～20°S，100°～120°E 一带（印度尼西亚爪哇岛以南）的
南方蓝鳍金枪鱼产卵水域，管理水域跨越三大洋。

管理鱼种：单一的南方蓝鳍金枪鱼。

成员：有日本、澳大利亚、新西兰、印度尼西亚和韩国 5 个，是成员最
少的一个委员会。此外，菲律宾和南非以合作非成员方的身份，在指定的扩
大委员会下参加活动，但无表决权。我国台湾作为渔业实体参加该委员会。

管理措施：为了养护南方蓝鳍金枪鱼，自 20 世纪 80 年代中期起对南方
蓝鳍金枪鱼总可捕量（Total Allowable Catch，TAC）制度，规定了各成员
的捕捞配额，近年为了控制合作非成员的南方蓝鳍金枪鱼渔获量，也规定了
捕捞配额。2005 年南方蓝鳍金枪鱼的 TAC 为 14 910 t，其中，日本的配额
为 6 065 t，澳大利亚为 5 265 t，新西兰为 420 t，韩国为 1 140 t。合作非成员
方有印度尼西亚为 800 t，菲律宾为 80 t，我国台湾为 1 140 t。

3. 南太平洋区域性渔业管理组织（South Pacific Regional Fisheries
Management Organisation，SPRFMO）

成立时间：2009 年 11 月 14 日。

管理水域：范围大约为西至澳大利亚西部南岸，南至 60°S，东至南美
洲智利、秘鲁、厄瓜多尔及哥伦比亚沿岸，北以 2°N 及 10°N 为界。

管理鱼种：非高度洄游鱼类及跨界鱼种。

成员：有澳大利亚、伯利兹、智利、中国（包括台湾）、库克群岛、古

巴、欧盟、丹麦、韩国、新西兰、俄罗斯、瓦努阿图 12 个。哥伦比亚、厄瓜多尔、法国、秘鲁、汤加和美国为合作非成员。

管理措施：组织成员及合作非缔约方应将悬挂其旗帜的渔船在公约区域参与智利竹筴鱼总吨数限制在 2007 年或 2008 年或 2009 年在公约区域实际捕鱼船舶的总吨数。只要每一成员和合作非缔约方的总吨数水平不超过该表所记录水平，允许组织成员及合作非缔约方更替其船舶。2014 年，智利竹筴鱼总渔获量应限制在 39 万 t，其中智利 29 万 t，中国 27 655 t。

4. 中西太平洋渔业委员会（Western and Central Pacific Fisheries Commission，WCPFC）

成立时间：根据中西太平洋高度洄游性鱼类资源养护和管理条约，成立于 2004 年 12 月。

管理水域：北半球 150°W 以西（包括日本周边水域），南半球 140°W 以西的中部和西部太平洋。

管理鱼种：金枪鱼类（蓝鳍金枪鱼、南方蓝鳍金枪鱼、大眼金枪鱼、黄鳍金枪鱼、长鳍金枪鱼等）、鲣类（鲣、蛇鲣等）、剑鱼、旗鱼类（剑鱼、东方旗鱼等）、日本乌鲂、鲯鳅和大洋性鲨鱼等高度洄游性鱼种。

成员：有中国、韩国、美国、日本、法国、加拿大、印度尼西亚、菲律宾、瓦努阿图、贝劳、澳大利亚、新西兰、密克罗尼西亚、巴布亚新几内亚、斐济、马绍尔群岛、汤加、所罗门群岛、萨摩亚、基里巴斯、图瓦卢、库克群岛、纽埃、瑙鲁 24 个以及我国台湾渔业实体参加该委员会。美属萨摩亚、北马里亚纳群岛、法属波利尼西亚、关岛、新喀里多尼亚、托克劳及瓦利斯和富图纳群岛 7 个为参与领地。伯利兹、厄瓜多尔、萨尔瓦多、墨西哥、塞内加尔、越南、巴拿马和泰国等 9 个国家为合作非成员。

管理措施：为了加强中西太平洋大眼金枪鱼和黄鳍金枪鱼资源的养护和管理，WCPFC 2005 年 12 月间在密克罗尼西亚波纳佩召开的第 2 次委员会上，正式决定采取以下措施：①将中西太平洋金枪鱼围网和延绳钓的大眼金枪鱼和黄鳍金枪鱼的渔获量控制在 2001—2004 年的平均水平；②要求我国台湾在 2007 年 12 月底之前，将其最近增加的 10 艘大型金枪鱼围网船按相等的数量减船。

5. 美洲间热带金枪鱼委员会（Inter-American Tropical Tuna Commission，IATTC）

成立时间：根据 IATTC 条约，成立于 1949 年。

管理水域：40°N～40°S，150°W 以东的东部太平洋。

管理鱼种：鲣、金枪鱼类（包括剑鱼、旗鱼类）。

成员：有伯利兹、中国（包括台湾）、哥伦比亚、哥斯达黎加、厄瓜多尔、萨尔瓦多、欧盟、法国、危地马拉、日本、基里巴斯、韩国、墨西哥、尼加拉瓜、巴拿马、秘鲁、美国、瓦努阿图和委内瑞拉 19 个。加拿大曾加入该组织，但于 1983 年退出。库克群岛为合作非成员。

管理措施：为了养护东部太平洋的大眼金枪鱼和黄鳍金枪鱼资源，IATTC 在 2004 年 6 月的第 7 次委员会上规定：2004—2006 年度中在40°N～40°S，150°W 以东东部太平洋作业的金枪鱼围网船年间的禁渔期为 42 天（8 月 1 日至 9 月 11 日或 11 月 20 日至 12 月 30 日），主要目的是减少围网船对大眼金枪鱼和黄鳍金枪鱼幼鱼的混获。为养护产量日益下降的东部太平洋大眼金枪鱼资源，在上述东部太平洋作业的金枪鱼延绳钓船年间的大眼金枪鱼渔获量应控制在 2001 年的水平，但以延绳钓作业为主的国家和地区的大眼金枪鱼实施限额捕捞，其中日本限额为 34 076 t，韩国为 12 576 t，中国为 10 592 t（其中台湾为 7 953 t）。若有不遵守上述规定者，即禁止其渔获物在国际市场上交易。此外，为了打击对大眼金枪鱼等的 IUU 捕捞，从 2003 年 8 月起采取了大型金枪鱼延绳钓船的"白名单"（正规船）和"黑名单"（IUU 船）的措施和大眼金枪鱼产地证明书制度。

6. 大西洋金枪鱼养护国际委员会（International Commission for the Conservation of Atlantic Tunas，ICCAT）

成立时间：根据 ICCAT 条约成立于 1966 年。

管理水域：FAO 的 21、27、31、34、41、47 渔区。

管理鱼种：鲣、金枪鱼类（包括剑鱼、旗鱼类）。

成员：公约现有 49 个缔约方，分别是美国、日本、南非、加纳、加拿大、法国、巴西、摩洛哥、韩国、科特迪瓦、安哥拉、俄罗斯、加蓬、佛得角、乌拉圭、圣多美和普林西比、委内瑞拉、赤道几内亚、几内亚、英国、利比亚、中国、欧盟、突尼斯、巴拿马、特立尼达和多巴哥、纳米比亚、巴巴多斯、洪都拉斯、阿尔及利亚、墨西哥、瓦努阿图、冰岛、土耳其、菲律宾、挪威、尼加拉瓜、危地马拉、塞内加尔、伯利兹、叙利亚、圣文森特和格林纳丁斯、尼日利亚、埃及、阿尔巴尼亚、塞拉利昂、毛里塔尼亚、库拉索、利比里亚。4 个合作非成员方：玻利维亚、中国台北、苏里南、萨尔瓦多。

管理措施：在全球的金枪鱼渔业管理组织中，ICCAT 最早实施严格管理（1992 年），而且最为严格，已对大西洋蓝鳍金枪鱼、大眼金枪鱼、剑鱼、旗鱼等实施总可捕量（TAC）制度。例如，2005—2006 年东大西洋的蓝鳍金枪鱼的总可捕量分别为 32 000 t，其中 2006 年有关国家和地区的配额是：日本为 2 830 t，中国为 554 t（其中台湾为 480 t），欧盟为 18 301 t 等。又如 2005—2008 年大西洋大眼金枪鱼的 TAC 分别为 90 000 t，其中 2006 年有关国家和地区的配额是：日本为 26 000 t，中国为 22 200 t（其中台湾为 16 500 t），欧盟为 24 500 t 等。与此同时对捕捞大眼金枪鱼等的延绳钓作业船数也作了限制，如中国大陆为 45 艘（原为 60 艘），中国台湾为 98 艘（原为 125 艘），其他国家要求控制在 1991—1992 年的水平。此外，为了打击 IUU 捕捞和保护资源，ICCAT 对其管理下大西洋海区的蓝鳍金枪鱼、大眼金枪鱼、剑鱼三种鱼实施产地证明书制度，只允许列入"白名单"船的上述渔获物凭产地证明书进入国际市场交易，否则不得进入国际市场交易。

7. 印度洋金枪鱼委员会（Indian Ocean Tuna Commission，IOTC）

成立时间：根据 FAO 宪章第 14 条，成立于 1996 年。

管理水域：FAO 的 51、57 渔区以及相连的水域。

管理鱼种：鲣、金枪鱼类（包括剑鱼、旗鱼）。

成员：有澳大利亚、伯利兹、中国、科摩罗、厄立特里亚、欧盟、法国、几内亚、印度、印度尼西亚、伊朗、日本、肯尼亚、韩国、马达加斯加、马来西亚、马尔代夫、毛里求斯、阿曼、巴基斯坦、菲律宾、塞舌尔、塞拉利昂、斯里兰卡、苏丹、坦桑尼亚、泰国、英国、瓦努阿图和也门等 31 个。

管理措施：为了养护印度洋大眼金枪鱼和黄鳍金枪鱼资源，IOTC 在其 2003 年 12 月的第 8 次年会上，首先决定采取冻结大眼金枪鱼和黄鳍金枪鱼捕捞努力量（船数）的措施。凡是成员和合作非成员方在 IOTC 正规注册船长 24 m 以上的所有金枪鱼渔船，其渔船数超过 50 艘以上者，从 2004 年 1 月起不能超过现有的注册船数（超过 50 艘以上的有日本的 570 艘、韩国的 170 艘、中国大陆的 98 艘、欧盟的 69 艘、菲律宾的 70 艘、印度尼西亚的 720～730 艘）。与此同时，在 IOTC 注册金枪鱼渔船的合计总吨位数也不能超过现有的合计总吨位数。对拥有 300 艘以上金枪鱼渔船的我国台湾要求其将捕捞努力量削减至 1999 年水平。对上述规定若有不遵守者即对其采取贸易制裁措施。此外，为了排除 IUU 非法捕捞，从 2003 年 7 月 1 日起采取与

ICCAT相同的措施，列出"白名单"（正规船）和"黑名单"（IUU 船）。同时实施 IOTC 管理水域的大眼金枪鱼产地证明书制度，无产地证明书的大眼金枪鱼不得进入国际市场交易。

8. 北太平洋金枪鱼类和类金枪鱼类临时科学委员会（Interim Scientific Committee for Tuna and Tuna-like Species in the North Pacific Ocean，ISC)

成立时间：于 1996 年成立，从 1997 年起正式开始工作。

管理水域：20°N 以北的北太平洋。

管理鱼种：蓝鳍金枪鱼、大眼金枪鱼、黄鳍金枪鱼、长鳍金枪鱼和剑鱼及旗鱼等。

成员：有日本、中国（包括台湾）、韩国、美国、加拿大、墨西哥 6 个。

管理措施：ISC 不是一个区域性渔业管理组织，而是一个负责北太平洋金枪鱼类等的临时科学研究委员会，在该委员会内设有蓝鳍金枪鱼、大眼金枪鱼、剑鱼、旗鱼和统计 4 个工作组，对北太平洋金枪鱼类资源以及对其有关的海洋环境、生物生态等进行调查研究，在此基础上开展资源评估，群系分析以及召开学术研讨会等。2004 年 12 月 10 日 WCPFC（中西太平洋渔业委员会）成立后，WCPFC 为了加强对中、西部太平洋金枪鱼类资源的统一养护和管理，将 ISC 置于其下，并更名为 WCPFC 的北部委员会，仍负责150°W 以西 20°N 以北北太平洋的金枪鱼类等的调查研究和管理工作。

9. 金枪鱼、剑旗鱼常设委员会（The Standing Committee Tuna and Billfish，SCTB)

成立时间：作为太平洋共同体秘书处（SPC）的金枪鱼、剑鱼及旗鱼评估计划（TBAP）的咨询机构，成立于 1988 年。

管理水域：中西太平洋。

管理鱼种：金枪鱼、剑鱼、旗鱼类等。

成员：有日本、中国（包括台湾）、韩国、美国、澳大利亚、斐济 6 个。

管理措施：不负责渔业管理工作，主要承担中、西部太平洋有关金枪鱼、剑鱼及旗鱼等的捕捞统计、调查研究、资源评估等工作，同时开展科学研讨工作。

10. 濒危野生动植物种国际贸易公约（Convention on International Trade in Endangered Species of Wild Fauna and Flora，CITES)

成立时间：该公约于 1975 年 7 月 1 日生效。

管理范围：全部的陆地以及水域。

管理对象：濒危野生动植物物种约 3 万种（海产物种中有鲸类、鲨鱼类、海龟等）。

成员：有日本、中国、美国、英国、荷兰、冰岛、澳大利亚、古巴、苏里南、几内亚、以色列等 165 个。

管理措施：分三个附录物种进行管理。附录 1 物种是指有灭绝危险的物种（如黑猩猩、老虎、兰花等），禁止为商业目的的贸易，允许为学术目的的贸易（需要出口国以及进口国发给的许可证）；附录 2 物种是指目前虽未濒临灭绝，但已处于濒危程度，应采取控制贸易的措施；附录 3 物种是指某一 CITES 成员根据其本国某物种的濒危程度，提出要求特别管制，并要求其他成员给予配合管理的物种。上述附录物种不是永久固定的，可根据缔约国要求和物种实际情况，做必要调整，增减或升降。

11. 白令海中部狭鳕资源养护和管理条约（Convention on the Conservation and Management of Pollock Resources in the Central Bering Sea，简称白令海公海渔业条约）

成立时间：由白令海沿岸的美国和俄罗斯以及在白令海中部公海从事狭鳕捕捞的日本、中国、韩国、波兰 6 国于 1994 年 8 月 4 日在美国华盛顿签署的白令海公海狭鳕资源养护管理条约，该条约于 1995 年生效。

管理水域：白令海中部美、俄 200 n mile 水域外的公海水域。

管理鱼种：狭鳕以及其他的海洋生物资源。

成员：有美国、俄罗斯、日本、中国、韩国、波兰 6 个。

管理措施：日本、中国、韩国、波兰、美国、俄罗斯 6 国的拖网渔船自 1985 年起共同进入白令海公海捕捞狭鳕，狭鳕渔获量迅速增加，从 1985 年的 33.6 万 t 猛增至 1989 年的 140.7 万 t（历史上最高记录），但其后逐年迅速减少，1992 年剧减至仅 1.0 万 t。白令海公海的狭鳕资源明显因过度捕捞而出现严重的衰减。为了保护白令海公海狭鳕资源，由日、中、韩、波、美、俄 6 国共同提出，1993 年和 1994 年在白令海公海自行停止捕捞狭鳕 2 年，同时商定当阿留申海盆的狭鳕资源量回升到 167 万 t 以上方能重新开捕，开捕时规定狭鳕的总可捕量为 13 万 t，在这个基础上制定各国的捕捞配额。但禁捕 2 年后仍未见狭鳕资源量恢复到 167 万 t 以上。为此，1994 年继续禁捕，与此同时，为了养护和合理利用白令海公海狭鳕资源，上述 6 国于 1994 年 8 月在美国华盛顿签署了白令海公海狭鳕资源的养护和管理条约。该条约于 1995 年正式生效。1996 年 11 月，在俄罗斯莫斯科召开了白令海公海渔业条约国的第 1 次年会，并规定每年召开 1 次年会，分别在 6 国之间轮流举行，研讨白令海公海狭鳕资源状态和决定能否重新开捕的问题，其中 2000 年的第 5 次年会在中国上海召开。2005 年 9 月，在韩国釜山召开的第 10 次年会上，因阿留申海盆狭鳕资源量一直在 29 万～38 万 t 之间变动，没有达到可以开捕的 167 万 t。因此，2006 年继续禁捕 1 年。白令海公海的狭鳕捕捞自 1993 年起禁捕以来到 2006 年止已禁捕了 14 年。至今尚未恢复，处于禁捕状态。

12. 国际捕鲸委员会（International Whaling Commission，IWC）

成立时间：根据《国际捕鲸公约》于 1946 年 12 月成立。

管理水域：缔约国的捕鲸母船、捕鲸船（包括基地捕鲸船）在作业的所有水域（即全世界水域）。

管理鲸类：长须鲸、鳁鲸、座头鲸、抹香鲸、灰鲸等大型鲸类。

成员：有日本、中国、韩国、美国、德国、英国、挪威、俄罗斯、澳大利亚、摩洛哥、南非、印度、巴西等 61 国。但成员中从事捕鲸的主要为日本、美国、俄罗斯、英国、德国、挪威等几个国家。

管理措施：每年规定捕鲸国的捕鲸头数，制定禁渔期和禁渔区。

13. 北太平洋海洋科学组织（North Pacific Marine Science Organization，PICES）

成立时间：根据北太平洋海洋科学组织条约成立于 1992 年。

管理水域：30°N 以北的北太平洋以及其毗邻水域。

管理鱼种：鱼类、头足类、海产哺乳动物、海鸟。

成员：有日本、中国、韩国、美国、加拿大、俄罗斯 6 个。

管理措施：PICES 并不是一个具有管理机能的管理组织，而是一个为了促进北太平洋海洋生物资源科学研究的组织，从事着北太平洋海洋生物资源的科学研究工作。

第六节　《濒危野生动植物种国际贸易公约》附录Ⅰ、Ⅱ、Ⅲ的有关规定

一、公约简介

《濒危野生动植物种国际贸易公约》（以下简称《CITES 公约》），又称"华盛顿公约"，其精神在于管制而非完全禁止野生物的国际贸易，其用物种

分级与许可证的方式，以达成野生物市场的永续利用性。回顾其历史，1972年6月在瑞典首都斯德哥尔摩召开的联合国人类与环境大会全面讨论了环境问题，特别是濒危野生动植物保护问题，提议由各国签署一项旨在保护濒危野生动植物物种的国际贸易公约，这标志着联合国开始全面介入世界环境与发展事务，被誉为是世界环境史上的一座里程碑。1973年3月3日，有21个国家的全权代表受命在华盛顿签署了《CITES公约》。1975年7月1日，《CITES公约》正式生效。

《CITES公约》的宗旨是通过各缔约国政府间采取有效措施，加强贸易控制来切实保护濒危野生动植物物种，确保野生动植物种的持续利用不会因国际贸易而受到影响。《CITES公约》制定了一个濒危物种名录，通过许可证制度控制这些物种及其产品的国际贸易，由此而使《CITES公约》成为打击非法贸易、限制过度利用的有效手段。《CITES公约》要求各国对野生动植物进出口活动，实行许可证/允许证明书制度，建立有效的双向控制机制。这种机制使历史文化传统、社会发展水平、政治经济利益不尽相同的国家都能接受并予以积极支持和合作，特别是能使消费国主动协助分布国防止其野生动植物的偷猎或非法贸易活动。

《CITES公约》机构还与相关国际组织合作，充分发挥海关和国际刑警组织在野生动植物进出口管理环节上的监管和打击走私犯罪的作用。世界海关组织成立了《CITES公约》项目工作组，建立了庞大的野生动植物贸易中心数据库，为各国海关加强野生动植物进出口监管提供信息支持。国际刑警组织成立了打击侵害濒危野生动植物犯罪工作组，通过提供全球执法协作，加强对野生动植物走私犯罪分子的打击力度。目前这三个组织已建立了广泛的联系协作机制，每年召开《CITES公约》联席会议，邀请有关国家代表参加。另外，《CITES公约》还运用经济手段促进《CITES公约》的执行，对不遵守《CITES公约》条款或大会决议的国家，采取限定、暂停或号召其他国家终止与其贸易，或由缔约国大会、常委会强制执行的措施。

二、《CITES公约》对水生野生动植物贸易管理

第三条　附录Ⅰ所列物种标本的贸易规定

（一）附录Ⅰ所列物种标本的贸易，均应遵守本条各项规定。

（二）附录Ⅱ所列物种的任何标本的出口，应事先获得并交验出口许可证。只有符合下列各项条件时，方可发给出口许可证：

1. 出口国的科学机构认为，此项出口不致危害该物种的生存；

2. 出口国的管理机构确认，该标本的获得并不违反本国有关保护野生动植物的法律；

3. 出口国的管理机构确认，任一出口的活标本会得到妥善装运，尽量减少伤亡、损害健康，或少遭虐待；

4. 出口国的管理机构确认，该标本的进口许可证已经发给。

（三）附录Ⅰ所列物种的任何标本的进口，均应事先获得并交验进口许可证和出口许可证，或再出口证明书。只有符合下列各项条件时，方可发给进口许可证：

1. 进口国的科学机构认为，此项进口的意图不致危害有关物种的生存；

2. 进口国的科学机构确认，该活标本的接受者在笼舍安置和照管方面是得当的；

3. 进口国的管理机构确认，该标本的进口，不是以商业为根本目的。

（四）附录Ⅰ所列物种的任何标本的再出口，均应事先获得并交验再出口证明书。只有符合下列各项条件时，方可发给再出口证明书：

1. 再出口国的管理机构确认，该标本系遵照本公约的规定进口到本国的；

2. 再出口国的管理机构确认，该项再出口的活标本会得到妥善装运，尽量减少伤亡、损害健康，或少遭虐待；

3. 再出口国的管理机构确认，任一活标本的进口许可证已经发给。

（五）从海上引进附录Ⅰ所列物种的任何标本，应事先获得引进国管理机构发给的证明书。只有符合下列各项条件时，方可发给证明：

1. 引进国的科学机构认为，此项引进不致危害有关物种的生存；

2. 引进国的管理机构确认，该活标本的接受者在笼舍安置和照管方面是得当的；

3. 引进国的管理机构确认，该标本的引进不是以商业为根本目的。

第四条 附录Ⅱ所列物种标本的贸易规定

（一）附录Ⅱ所列物种标本的贸易，均应遵守本条各项规定。

（二）附录Ⅱ所列物种的任何标本的出口，应事先获得并交验出口许可证。只有符合下列各项条件时，方可发给出口许可证：

1. 出口国的科学机构认为，此项出口不致危害该物种的生存；

2. 出口国的管理机构确认，该标本的获得并不违反本国有关保护野生动植物的法律；

3. 出口国的管理机构确认，任一出口的活标本会得到妥善装运，尽量减少伤亡、损害健康，或少遭虐待。

（三）各成员的科学机构应监督该国所发给的附录Ⅱ所列物种标本的出口许可证及该物种标本出口的实际情况。当科学机构确定，此类物种标本的出口应受到限制，以便保持该物种在其分布区内的生态系中与它应有作用相一致的地位，或者大大超出该物种够格成为附录Ⅰ所属范畴的标准时，该科学机构就应建议主管的管理机构采取适当措施，限制发给该物种标本出口许可证。

（四）附录Ⅱ所列物种的任何标本的进口，应事先交验出口许可证或再出口证明书。

（五）附录Ⅱ所列物种的任何标本的再出口，应事先获得并交验再出口证明书。只有符合下列各项条件时，方可发给再出口证明书：

1. 再出口国的管理机构确认，该标本的进口符合本公约各项规定；

2. 再出口国的管理机构确认，任一活标本会得到妥善装运，尽量减少伤亡、损害健康，或少遭虐待。

（六）从海上引进附录Ⅱ所列物种的任何标本，应事先从引进国的管理机构获得发给的证明书。只有符合下列各项条件时，方可发给证明书：

1. 引进国的科学机构认为，此项引进不致危害有关物种的生存；

2. 引进国的管理机构确认，任一活标本会得到妥善处置，尽量减少伤亡、损害健康，或少遭虐待。

（七）本条第（六）款所提到的证明书，只有在科学机构与其他国家的科学机构或者必要时与国际科学机构进行磋商后，并在不超过1年的期限内将全部标本如期引进，才能签发。

第五条 附录Ⅲ所列物种标本的贸易规定

（一）附录Ⅲ所列物种标本的贸易，均应遵守本条各项规定。

（二）附录Ⅲ所列物种的任何标本，从将该物种列入附录Ⅲ的任何国家出口时，应事先获得并交验出口许可证。只有符合下列各项条件时，方可发给出口许可证：

1. 出口国的管理机构确认，该标本的获得并不违反该国保护野生动植物的法律；

2. 出口国的管理机构确认，任一活标本会得到妥善装运，尽量减少伤亡、损害健康，或少遭虐待。

（三）除本条第（四）款涉及的情况外，附录Ⅲ所列物种的任何标本的进口，应事先交验原产地证明书。如该出口国已将该物种列入附录Ⅲ，则应交验该国所发给的出口许可证。

（四）如系再出口，由再出口国的管理机构签发有关该标本曾在该国加工或正在进行再出口的证明书，以此向进口国证明有关该标本的再出口符合本公约的各项规定。

第七节 《打击 IUU 捕捞国际行动计划》的相关措施

一、IUU 捕捞定义

IUU 捕捞是非法、不报告、不管制的捕捞行为（illegal，unreported，unregulated fishing）的英文简称。

1. 非法捕捞

本国或外国渔船未经一国许可或违反其法律和条例在该国管辖的水域内进行的捕捞活动；悬挂有关区域性国际渔业管理组织成员方船旗的渔船进行的、但违反该组织通过的而且该国家受其约束的养护和管理措施的捕捞活动；违反适用的国际法有关规定的捕捞活动；违反国家法律或国际义务的捕捞活动，包括由有关区域渔业管理组织的合作国进行的捕捞活动。

2. 不报告捕捞

违反国家法规未向国家有关当局报告或误报的捕捞活动；在有关区域渔业管理组织管辖水域开展的违反该组织报告程序未予报告或误报的捕捞活动。

3. 不管制捕捞

无国籍渔船或悬挂非组织成员船旗的渔船，在该区域性国际渔业管理组织管辖水域内从事不符合或违反该组织的管理措施的捕捞活动；捕捞方式不符合各国按照国际法应承担的海洋生物资源养护责任的捕捞活动。但是，某些不管制捕捞的方式可能并未违背适用的国际法，因而可能不需要采用国际打击措施。

二、打击 IUU 捕捞的措施

《打击 IUU 捕捞国际行动计划》提出的实施预防、制止和消除 IUU 捕捞的措施，主要包括所有国家均应承担的责任、船旗国的责任、沿海国措施、港口国措施、国际商定的与市场有关的措施、区域性国际渔业管理组织的作用、科学研究。

（一）所有国家的责任

1. 遵守和实施国际条约和文件

各国应当全面实施国际法的有关规定，特别是 1982 年《联合国海洋法公约》中所阐明的规定。鼓励各国优先酌情批准、接受或加入 1982 年《联合国海洋法公约》、1995 年《联合国鱼类种群协定》和 1993 年《遵守协定》。尚未批准、接受或加入有关国际文书的国家，其行动方式不应违背这些文书。各国应全面和有效地实施其批准、接受或加入的所有有关国际渔业文书。

凡其国民在公海上从事有关区域性国际渔业管理组织未加管制的捕捞业的国家，应充分履行根据 1982 年《联合国海洋法公约》有关公海生物资源养护的规定对其国民采取可能必要措施的义务。

2. 国内法律措施

要求各国采取一系列有关的国内法律措施，以预防、制止和消除 IUU 捕捞。

① 立法。国内立法应当以有效的方式处理 IUU 捕捞的所有方面，包括证据标准以及酌情包括使用电子证据和新技术在内的接受证据的办法。

② 对国民的控制。各国应按照 1982 年《联合国海洋法公约》有关条款，在不影响船旗国在公海上负首要责任的情况下，尽可能采取措施或合作确保受其管辖的国民不支持或不从事 IUU 捕捞活动。所有国家应当合作查明从事 IUU 捕捞活动的渔船作业者或受益船主的身份。各国应劝阻其国民在不能履行船旗国责任的国家注册渔船。

③ 对公海上无国籍船的措施。各国应当对在公海上从事 IUU 捕捞活动的无国籍渔船采取与国际法相一致的措施。

④ 惩罚措施。各国应当确保对其管辖的船舶和尽最大可能地对其国民开展的 IUU 捕捞，采取足以有效预防、制止和消除 IUU 捕捞的严厉惩罚措施，剥夺违法者从此类捕捞活动所获得的利益，包括采用以行政处罚制为基础的民事处罚制度。此外，各国应当确保协调一致和透明地采用处罚措施。

⑤ 对不合作国家的措施。各国应按照国际法采取一切可能的措施，预防、制止和消除不与有关区域性国际渔业管理组织合作的国家从事 IUU 捕

捞活动。

⑥ 经济措施。各国应按照其国家法律,尽可能避免对从事 IUU 捕捞的公司、船舶或个人给予经济支持(包括补贴)。

⑦ 监测、控制和监视。各国应从捕捞活动的开始、上岸点直到最终目的地,全面有效地监测、控制和监视捕捞活动。包括:制定和实施允许进入水域和获取资源的计划,包括渔船许可计划;保持所有许可在其管辖范围内进行捕捞的渔船及其当前船主和操作者的记录;酌情按照国家、区域或国际标准建立船舶监测系统,包括要求在受其管辖的渔船上装配船舶监测系统;酌情按照国家、区域或国际标准实施观察员计划,包括要求在受其管辖的渔船上配置观察员;向所有从事监测、控制和监视活动的人员提供培训和教育;制定及执行监测、控制和监视活动并为其提供资金,以尽可能加强其预防、制止和消除 IUU 捕捞的能力;提高业界对需要及合作参加监测、控制和监视活动以预防、制止和消除 IUU 捕捞的了解和认识;在国家司法体系内促进对监测、控制和监视的了解和认识;建立并维护监测、控制和监视数据的获得、储存和传播系统,但要考虑适当的保密要求;确保有效实施符合国际法的国家的和适当时国际商定的登临机制,承认船长和检查官员的权利和义务,并注意到此类制度已经在某些国际协定,如 1995 年《联合国鱼类种群协定》中仅仅作了规定,并仅仅适用于这些协定的缔约方。

(二)船旗国的责任

对于船旗国的责任,《打击 IUU 捕捞国际行动计划》强调船旗国应加强对渔船的登记和档案管理、捕捞许可管理。

1. 渔船登记

在渔船登记、授予渔船悬挂船旗的权利方面,船旗国应承担以下责任。

① 各国应当确保悬挂其旗帜的渔船不从事或支持 IUU 捕捞。为此,船旗国为渔船进行登记之前,应确保其能够履行保证该渔船不从事 IUU 捕捞的责任。

② 船旗国应避免向有违规历史的渔船授权悬挂其船旗,除非渔船的所有权发生了变化并且新船主提供足够的证据以证明原先的船主或经营者已与该船无法律、利益和经济关系,并不再控制该渔船;或者,船旗国在考虑到所有有关实际情况后,肯定允许该渔船挂旗将不会导致 IUU 捕捞。

③ 参与租船安排的所有国家,包括船旗国和接受此类安排的其他国家,应在各自管辖范围内采取措施,确保所租渔船不从事 IUU 捕捞。

④ 船旗国应当制止渔船以不遵守国家、区域或全球一致通过的养护和管理措施为目的而改挂船旗。各船旗国采取的行动和标准应当尽可能一致，以免船主趁机改挂其他国家的国旗。

⑤ 各国应当采取所有切实可行的措施，包括拒绝给予渔船捕捞权及悬挂该国旗帜的权利，来防止渔船为了逃避管理或不同管理措施而"频繁更换船旗"。

⑥ 船旗国应兼顾渔船登记和捕捞许可，确保其渔船登记与保存的渔船记录之间有适当联系，并确保负责渔船登记和捕捞许可的机构之间开展充分合作和共享信息。

⑦ 船旗国应认识到，为渔船登记的条件是准备授权该渔船在其管辖水域内或在公海上从事捕捞活动，在确保该渔船受该船旗国控制时，才发放捕捞许可证。

2. 渔船记录

船旗国应当保持悬挂其旗帜的渔船的记录。

对于在公海捕捞的渔船，船旗国的渔船记录应当包括 1993 年《遵守协定》规定的所有信息。也可特别包括：曾用船名（如有而且知道），作为渔船所有人的自然人或法人的姓名、地址和国籍，管理渔船经营活动的自然人或法人的姓名、街道地址、通信地址和国籍，因渔船所有权而得益的自然人或法人的姓名、街道地址、通信地址或国籍，该渔船的名称和所有权历史以及如果了解的话，该渔船违反国家、区域或全球一致通过的养护和管理措施或规定的历史，渔船的大小，酌情提供登记时或后来任何船体改造结束时拍摄的显示渔船侧面的照片。

船旗国也可以要求渔船记录中包括未得到公海捕捞授权的渔船的上述信息。

3. 捕捞许可

① 各国应采取措施，确保任何渔船只有得到授权方可进行捕捞。在公海方面，各国应以符合国际法特别是 1982 年《联合国海洋法公约》所规定的权利和义务的方式，或在国家管辖水域内，按照国家立法采取措施。

② 船旗国应确保悬挂其船旗但在其管辖水域以外的水域中捕捞的每一艘渔船，持有该船旗国发放的有效捕捞许可证。沿海国在发放捕捞授权时，应确保未授权渔船不得在其水域内进行任何捕捞活动。

③ 渔船应有捕捞许可证，需要时应随船携带。许可证应至少包括准许

捕捞的渔船和自然人或法人的姓名，准许作业的区域、范围和期限，可捕种类、准许使用的渔具及其他适用的管理措施。

④ 对于发放许可证的条件，在必要时可以包括：渔船监测系统，渔获量报告条件，允许转载时的转载报告和其他条件，观察员覆盖率，捕捞和其他有关日志要求，确保遵守边界和有关限制水域的导航设备，遵守有关海上安全、海洋环境保护及国家、区域及全球一致通过的养护和管理措施或规定方所适用的国际公约和国家法规，按照国际公认的标准如联合国粮农组织渔船标识标准规范及准则标志渔船；渔船的渔具也应当按国际公认的标准做类似的标志，遵守适用于船旗国的其他渔业安排。在可能的条件下，渔船应有一个国际公认的唯一标识号码，无论以后是否改变登记和名称，都能识别这条渔船。

⑤ 船旗国应当确保其渔船、运输船和供应船不支持或从事 IUU 捕捞。包括确保其船舶没有向从事这些活动的渔船提供补给，或者向/从这些渔船转载渔获，但为人道主义目的（包括船员的安全）的情况除外。

⑥ 船旗国应当尽最大可能确保其在海上从事转载的所有渔船、运输船和供应船事先得到该船旗国发放的转载许可，并向国家渔业管理当局或其他指定机构报告海上所有渔货转载的日期和地点、分种类的重量和转载渔获的捕捞水域、转载渔获物上岸港口以及与辨别转载所涉渔船有关的名称、登记、船旗和其他资料。

⑦ 船旗国应当酌情向有关国家、区域和国际组织包括 FAO，全面、及时和定期提供按渔区和种类综合的渔获量和转载报告的资料，并考虑适用的保密要求。

（三）沿海国的责任

沿海国按照 1982 年《联合国海洋法公约》和其他国际法的规定，为勘探和开发、养护和管理其管辖范围内的海洋生物资源而行使主权权力时，应在专属经济区内实施预防、制止和消除 IUU 捕捞的措施。

沿海国按照国家立法和国际法采取措施应尽可能和酌情包括以下几个方面。

① 在专属经济区内有效监测、控制和监视捕捞活动。

② 酌情与其他国家包括毗邻的沿海国以及与区域渔业管理组织合作和交流信息。

③ 确保在沿海国管辖水域内开展捕捞活动的任何渔船均得到该国签发

的有效捕捞授权。

④ 确保在有关渔船列入渔船记录之后才为其签发捕捞授权。

⑤ 适当时确保在其管辖水域内捕捞的每一艘渔船保留捕捞日志。

⑥ 确保在沿海国管辖水域内海上转载或加工活动得到该沿海国的授权，或按照有关管理规定进行。

⑦ 以有助于预防、制止和消除 IUU 捕捞的方式确定其入渔规定。

⑧ 避免向曾有 IUU 捕捞历史的特定渔船发放在其管辖水域内捕捞的许可，并取消这种渔船的挂旗授权。

(四) 港口国措施

《打击 IUU 捕捞国际行动计划》要求各国运用依据国际法采取的港口国管理渔船措施，以预防、制止和消除 IUU 捕捞。

1. 港口国措施的内容

① 在允许渔船进入港口之前，应要求申请进港的渔船和从事与捕捞有关的活动的船舶，提供合理的进港预先通知，并提供其捕捞许可证副本、捕捞行程详情及船载渔获数量，适当注意保密要求，以便判明该船是否可能从事或支持 IUU 捕捞活动。

② 如果某港口国有明确证据表明，获准进入其港口的渔船从事了 IUU 捕捞活动，该港口国应不准该渔船在其港口卸鱼或转载，并应向该船的船旗国报告。

③ 各国应当公布允许悬挂外国船旗的渔船进入的港口，并应当确保这些港口有能力进行检查。

④ 在对渔船进行检查时，港口国应当收集以下信息并转送船旗国以及酌情转送有关区域性国际渔业管理组织：渔船的船旗国及识别详情，船长和渔捞长的姓名、国籍和资历，渔具，船上渔获量，包括产地、种类、形态和数量，总上岸量和转载量以及适当时区域性国际渔业管理组织或其他国际协定所要求的其他资料。

⑤ 如果在检查过程中怀疑该渔船曾在港口国管辖范围以外的水域从事或支持 IUU 捕捞，港口国除了按照国际法采取行动之外，还应立即向该渔船船旗国以及酌情向有关沿海国和区域性国际渔业管理组织报告。港口国经船旗国同意或应船旗国要求可采取其他行动。

2. 实施港口国措施的要求

① 港口国措施应以公正、透明和无歧视性方式执行。

②	港口国应按照国际法允许船舶因不可抗力、或海难或援救遇到危险或遇难的人员、船舶或飞行器而进港。

③	在向有关沿海国和区域性国际渔业管理组织报告进港渔船的有关信息时，各国应当按照其本国的法律对收集的资料进行保密。

④	各国应制定并公布国家战略和程序，包括对港口国检查人员的培训、技术支持、资格要求和一般业务准则。各国还应当考虑在制定和实施这一战略方面的能力建设需要。

⑤	各国应当酌情开展双边、多边及区域渔业管理组织内部的合作，为港口国管理渔船制定互不抵触的措施。这种措施应当包括处理由港口国收集的资料、资料收集程序和关于对违反国家、区域或国际机制所通过措施的被怀疑的渔船的处理办法。

⑥	各国应当在有关区域渔业管理组织范围内制定港口国措施，其依据的假设是有权悬挂某区域渔业管理组织非缔约方船旗、未同意与该区域渔业管理组织合作并被查明在该特定组织水域内进行捕捞的渔船，可能从事IUU捕捞活动。此类港口国措施可禁止卸鱼和渔获物的转载，除非该被认定的渔船能够证明渔获物是以符合养护和管理措施的方式捕捞的。区域渔业管理组织应通过商定的程序，以公正、透明和无歧视的方式辨明渔船。

⑦	各国应当在有关区域渔业管理组织和国家内部和之间就港口国检查工作加强合作，包括通过交流有关信息。

第八节　国际渔业组织保护鲨鱼、海龟、海鸟等的有关规定

鲨鱼、海龟和海鸟等是金枪鱼渔业中常见的兼捕和误捕物种，受到国际渔业组织的严格管理，同时也受到国际社会高度关注。三大洋主要的金枪鱼渔业区域性管理组织有 4 个，即大西洋金枪鱼养护国际委员会（ICCAT），印度洋金枪鱼委员会（IOTC），中西太平洋渔业委员会（WCPFC）和美洲间热带金枪鱼委员会（IATTC）。区域性管理组织根据养护和管理物种的资源状况，通过相关的决议来养护资源。

一、鲨鱼的养护和管理

《CITES 公约》和《保护迁徙野生动物物种公约》（以下简称《CMS 公

约》）分别将 8 种和 7 种鲨鱼列为附录种类。《CITES 公约》将大白鲨（*Carcharodon carcharias*）、姥鲨（*Cetorhinus maximus*）、鲸鲨（*Rhincodon typus*）、长鳍真鲨（*Carcharhinus longimanus*）、路氏双髻鲨（*Sphyrna lewini*）、锤头双髻鲨（*Sphyrna zygaena*）、无沟双髻鲨（*Sphyrna mokarran*）、鼠鲨（*Lamna nasus*）列为附录Ⅱ种类，《CMS 公约》将大白鲨、姥鲨、鲸鲨、长鳍鲭鲨（*Isurus paucus*）、尖吻鲭鲨（*Isurus oxyrinchus*）、鼠鲨和白斑角鲨（*Squalus acanthias*）列为附录种类。

（一）中西太平洋渔业委员会（WCPFC）

中西太平洋渔业委员会（WCPFC）第 3 次年会于 2006 年首次通过关于鲨鱼的养护和管理措施。2008 年和 2009 年又修订了这方面的养护和管理措施。要求减少渔获物的浪费和丢弃，鼓励释放捕获后的活鲨鱼，尤其是兼捕幼体鲨鱼和怀仔的鲨鱼亲体；确定 8 种鲨鱼为关键性鲨鱼，分别为大青鲨（*Prionace glauca*）、长鳍真鲨、镰状真鲨（*Carcharhinus falciformis*）、尖吻鲭鲨、长鳍鲭鲨、狐形长尾鲨（*Alopias vulpinus*）、浅海长尾鲨（*Alopias pelagicus*）、大眼长尾鲨（*Alopias superciliosus*）。委员会要求收集鲨鱼的渔获量和丢弃量等数据。从 2008 年开始，WCPFC 强制要求在年度统计报告中包括主要鲨鱼种类；各方渔船在到第一卸货港之前船上鱼翅重量不超过船上鲨鱼重量的 5%。各方可自行要求其渔船在上岸时不得将鱼体和鱼翅分离；各沿海国有权在其管辖海域内制定替代措施。自 2008 年开始，在 WCPFC 公海作业的金枪鱼渔船须接受其他国家执法人员依据 WCPFC 通过的程序进行的登临和检查，其中包括船上鲨鱼不同部位的比例。2013 年 1 月委员会第 8 次年会决定禁止各方渔船在船上留存、转载、贮藏或上岸长鳍真鲨。

2014 年，鲨鱼的养护和管理措施进一步要求各捕鱼方的延绳钓兼捕鲨鱼的钓具所使用的钓钩避免使用钢丝钓线，避免使用鲨鱼钓钩（指在钓捕金枪鱼时，每个浮子上放置一个专捕鲨鱼的钓钩）；对于主捕鲨鱼的延绳钓渔业，需要制定管理计划，发放许可证和设定总许可捕捞量，要求清晰地表明如何避免或者降低兼捕资源严重衰退的镰状真鲨和长鳍真鲨。

在主要鲨鱼种类方面，根据管理需要，WCPFC 将数据监测的关键鲨鱼物种由 2008 年的大青鲨、长鳍真鲨、长鳍鲭鲨和长尾鲨 4 类，增加到 2009 年的 5 类（增加了镰状真鲨）以及 2010 年的 6 类（增加了栖息在 20°S 以南的鼠鲨）。

（二）美洲间热带金枪鱼委员会（IATTC）

美洲间热带金枪鱼委员会通过的 2015—03 号决议，要求各缔约方及合作非缔约方、合作捕鱼实体或区域性经济整合组织（统称为 CPC）应当依据 FAO 鲨鱼类保护和管理国际行动计划，建立并执行鲨鱼类保护和管理国家行动计划；要求保留鲨鱼的所有部分，鱼头、肠及鱼皮除外，鱼鳍重量不超过船上鲨鱼重量的 5％，尽其可能释放意外捕获的活鲨鱼，特别是幼鱼。特别指出各 CPC 应每年向委员会提供鲨鱼种类及渔获量、渔具捕捞努力量、卸售量及贸易量信息。

在鲨鱼鱼种方面，82 届年会通过的 C1110 号决议要求各 CPC 禁止在协议水域的船上保留、转载、卸货、储舱或提供贩卖长鳍真鲨的任何部分或完整鱼体。

（三）印度洋金枪鱼委员会（IOTC）

印度洋金枪鱼委员会通过的 2005—05 号决议，要求各 CPC 船上鱼鳍重量不超过船上鲨鱼重量的 5％，尽其可能释放意外捕获的活鲨鱼，特别是幼鱼。每年向委员会报告捕获鲨鱼的信息。

对于鲨鱼鱼种方面，2012—09 号决议对大眼长尾鲨的捕捞进行了说明。决议要求禁止悬挂任何 IOTC 会员或合作非缔约方（CPC）的渔船在船上保留、转载、卸下、贮存、贩售或提供出售任何部分或整尾大眼长尾鲨鱼体，除非是科学观察员搜集已死亡的大眼长尾鲨的生物样本（脊椎、组织、生殖系统、胃、皮肤样本等）。2013—05 号决议对围网作业中对鲸鲨的误捕做了规定，决议要求禁止在有鲸鲨活动的海域进行围网作业；若误捕到鲸鲨，须详细记录其数量及释放状况并向委员会报告。

二、海龟的保护

海龟是大洋生态系统的组成部分之一，全球海洋现存 7 种海龟中的 6 种已经被自然保护联盟（International Union for Conservation of Nature, IUCN）列为濒危或临近濒危状况。在大部分海龟被列为濒危物种的原因中，捕捞作业对海龟的误捕引起人们的关注、尤其是拖网渔业、刺网渔业和延绳钓渔业。由于海龟生活在海洋表层，误捕海龟的可能性较大。

各大洋委员都通过了关于海龟的养护和管理措施，明确要求渔船要配备海龟脱钩器，尽可能地减少伤害并释放海龟。围网渔业和延绳钓渔业最大限度地降低兼捕海龟的死亡率。对于围网渔业，避免缠绕海龟，并尽可能地采取措施安全地释放海龟。如果海龟缠绕在网中，应停止起网，在海龟浮出水面并被释放后再行起网。要求围网渔船配备小型抄网处理海龟，同时要求记录兼捕海龟的信息。由于围网渔业实施 100％的观察员制度，该项措施有效地养护了太平洋海域的海龟，降低了海龟的死亡率。

对于延绳钓渔业，要求各方使用大型的圆形或椭圆形钓钩，或使用有鳍的鱼类作为鱼饵，来提高海龟被误捕后的成活率。

另外，各渔业组织要求每年上报捕获海龟的信息以及处理方法。比如 IOTC 2012—04 号决议要求每年度的 6 月 30 日前，上报上一年度渔船捕获海龟信息（通过渔捞日志和观察员观测记录），包括渔捞日志记录范围或观察员覆盖率及其兼捕海龟死亡数量的估计值。

三、海鸟的养护和管理

海鸟作为海洋生态系统的组成之一，依赖于海洋中的鱼类作为其食物。金枪鱼延绳钓渔业在放钩或起钩过程会误捕到海鸟。

（一）中西太平洋渔业委员会（WCPFC）

根据委员会的数据，延绳钓与海鸟的相互作用涉及海域主要在较高纬度海域，一般在南半球是 30°S 以南海域，23°N 以北海域。2007 年 WCPFC 首次通过关于海鸟的养护和管理措施，2012 年进一步修订了海鸟养护和管理措施。如在高纬度作业的延绳钓钓具使用加重的钓钩，加快钓钩的沉降速度，或使用染色的鱼饵；或使用惊鸟绳等至少两种措施来降低海鸟的误捕死亡率。

（二）美洲间热带金枪鱼委员会（IATTC）

委员会通过决议（2011—02 号决议）要求在 IATTC 捕捞作业的延绳钓渔船，在东太平洋 23°N 以北极 30°S 以南作业时要采取减少误捕海鸟的措施，使用表 1-1 中所列的两种减缓措施，其中包括 A 栏至少一种。

表 1-1　减缓措施

A 栏	B 栏
采用驱鸟绳及支绳加重的船舷边投绳	驱鸟绳
夜间投绳且最低甲板照明	支绳加重
驱鸟绳	饵料染蓝
支绳加重	深层投绳机
	水下投绳导管
	内脏排放管理

（三）大西洋金枪鱼养护国际委员会（ICCAT）

委员会通过决议，捕鱼方应在充分考量船员的安全及切实可行的减缓措施下，通过使用有效的减缓措施，减少海鸟兼捕。规定25°S以南作业的所有延绳钓船至少使用表1-2所列的两项减缓措施。

表 1-2　减缓措施应遵从以下最低标准

减缓措施	描 述	规格要求
夜间投绳且甲板灯光减至最暗	海上日出至日落前间禁止投绳 甲板灯光应维持在最低程度	海上日出及日落按照航行所在的纬度、当地时间及日期最低程度的灯光不应违反安全与航行最低标准
驱鸟绳（Tori lines）	在投绳期间应部署驱鸟绳，以防止海鸟接近支绳	对船长大于或等于35 m的渔船： ① 至少设置1条驱鸟绳，鼓励渔船于海鸟高度密集或活动区域使用2条驱鸟竿和驱鸟绳；2条驱鸟绳应同时设置在投放主绳的两边； ② 驱鸟绳的覆盖范围至少大于或等于100 m； ③ 使用的长飘带长度需足以在无风情况下达到海面； ④ 长飘带间距不得超过5 m 对船长小于35 m渔船： ① 至少设置1条驱鸟绳； ② 1驱鸟绳的覆盖范围至少需大于或等于75 m； ③ 使用长飘带或短飘带（长度需大于1 m）放置间距如下：短飘带的间距不超过2 m；长飘带的前端55 m驱鸟绳间距不超过5 m
支绳加重	在投绳前放铅锤，以加重支绳	① 钩绳1 m内应有总重量超过45 g铅锤； ② 钩绳3.5 m内应有总重量超过60 g铅锤； ③ 钩绳4 m内应有总重量超过98 g铅锤

（四）印度洋金枪鱼委员会（IOTC）

印度洋金枪鱼委员会2012—06号决议通过的有关海鸟养护管理措施，要求25°S以南作业的所有延绳钓船至少使用表1-2所列的两项减缓措施。每年的年度报告要详细报告减少海鸟误捕的措施。

四、海洋鲸豚的养护和管理

海洋鲸豚类处于海洋食物链顶端，其保护受到国际社会的高度关注，金枪鱼渔业尤其是围网渔业，有误捕海豚的现象。WCPFC在2012年通过了对鲸豚类的养护和管理措施，要求如果在围网渔业开始作业前，发现鲸豚类和金枪鱼鱼群混栖，则禁止该捕捞作业，对于误入鱼群的鲸豚，鼓励活体释放。

第九节 《港口国措施协定》相关内容

一、协定的目标和适用范围

1. 协定的目标

《港口国措施协定》旨在通过实施有效的港口国措施，以公平、透明和非歧视以及符合国际法的方式，来预防、制止并消除 IUU 捕捞活动。作为确保海洋生物资源获得长期养护和可持续利用的手段，其目的是使各缔约方在作为港口国的权能范围内，广泛有效适用该协定。

2. 协定的适用范围

《港口国措施协定》是全球性的，适用于所有港口，各缔约方应鼓励所有其他实体采用符合该协定的措施。无法成为协定缔约方的，可表示承诺按协定规定行事。协定特别重视发展中国家的需求，支持这些国家努力落实协定内容。

《港口国措施协定》适用于寻求进入缔约方港口或在其港口期间的无权悬挂港口国旗帜的船只。但以下船舶除外。

① 邻国为生存而从事手工捕鱼的船舶，条件是该港口国和该船旗国进行合作以确保这些船舶不从事 IUU 捕捞或支持 IUU 捕捞的相关活动。

② 未装运渔获物的船舶，或装运渔获物，但只是装运曾卸载过的渔获物的集装箱船舶，条件是无明确理由怀疑这些船舶从事了支持 IUU 捕捞的相关活动。

对于港口国本国国民租赁的专门在其国家管辖区按照其授权从事捕捞活动的渔船，港口国可决定对其国民的船舶不适用《港口国措施协定》。但这种渔船应采用该港口国的相关措施，也就是与有权悬挂其旗帜的船舶采取的同样有效的措施。

二、港口国措施的主要内容

（一）船舶进港管理措施

1. 指定港口和进港事先要求

缔约方应指定并公布船舶可以要求进入的港口，并向 FAO 提供其指定港口名单，FAO适当公布该名单。各缔约方应最大限度地确保其所指定和公布的每个港口具有按照《港口国措施协定》进行检查的充分能力。

各缔约方应在允许船舶入港前，要求该船舶事先通报船舶基本身份信息、行程信息、船舶监测系统以及捕捞授权信息、相关渔获物转运信息或者与供货渔船有关的转运信息、船载渔获物信息，这些信息的提供应充分提前，以便使港口国有足够时间进行信息查证。

2. 准予进港或拒绝进港

如果按照船舶提供的信息和其他信息确定申请入港的船舶没有从事IUU捕捞或支持IUU捕捞相关活动后，缔约方应决定准予或拒绝该船舶进入其港口，并将其决定告知该船舶或其代表。

如果准予入港，应要求船长或该船代表在船舶抵达港口时向缔约方主管部门出示入港授权。如拒绝其入港，缔约方应告知该船舶的船旗国，并酌情和尽可能告知相关沿海国、区域性国际渔业管理组织及其他国际组织。

如果缔约方在船舶进入其港口之前，有充分证据表明该船舶从事了IUU捕捞或支持IUU捕捞相关活动，特别是船舶被列入由相关区域性国际渔业管理组织编制的IUU捕捞船舶名单，该缔约方应禁止该船舶入港。缔约方也可以完全出于检查目的，允许上述船舶进入其港口，并采取与禁止入港至少一样有效的符合国际法的其他针对IUU捕捞的适当行动。但如果这种船舶已经进入港口，缔约方应拒绝该船利用其港口进行渔获物卸载、转运、包装和加工以及使用其他港口服务，特别包括加燃料和补给、维修和进坞。

对于船舶根据国际法出于不可抗力或遇险原因进入港口，或港口国纯粹为向遇险或遇难人员、船舶或航行器提供援助而允许船舶进港的情况，均不受《港口国措施协定》有关规定的影响或阻碍。

（二）船舶使用港口的管理措施

对于进入缔约方港口的下列船舶，缔约方应根据其法律法规并参照包括《港口国措施协定》在内的国际法，拒绝该船利用其港口进行渔获物卸货、转运、包装和加工以及使用其他港口服务，特别包括加燃料和补给、维修和进坞，并及时通知船旗国并酌情通知有关沿海国、区域性国际渔业管理组织和其他相关国际组织。

① 缔约方发现该船不具有船旗国所要求的有关从事捕捞或与捕捞相关的活动的有效适用授权，或者该船不具有沿海国所要求的有关在该国管辖水

域内从事捕捞或与捕捞相关活动的有效适用授权。

② 缔约方有证据说明，在沿海国管辖水域内，船上渔获物违反了该国的适用要求。

③ 船旗国没有应港口国所提的要求，在合理的时间内确认渔获物是按照相关区域性国际渔业管理组织的适用要求而捕获的。

④ 缔约方有适当理由相信该船舶在相关时间内从事 IUU 捕捞，或支持此 IUU 捕捞的相关活动。但以下情况除外：一是该船能够证实其活动与相关养护和管理措施相一致；二是对于提供人员、燃料、渔具和其他海上物资而言，接受供应的船舶在提供上述物资时不属于缔约方在船舶进入其港口之前就有充分证据表明该船舶从事了 IUU 捕捞或支持 IUU 捕捞相关活动。

但如果船舶使用港口服务是为船员安全和健康或船舶安全所必需，而且有充分证据予以证明，或者是为酌情废弃该船舶的目的，缔约方不得拒绝船舶使用其港口服务。

若有充分证据显示做出拒绝某船舶使用其港口的决定依据不足或失当，或这些依据已不再适用，则该缔约方应撤回拒绝使用其港口的决定，并及时通知船旗国并酌情通知有关沿海国、区域性国际渔业管理组织和其他相关国际组织。

（三）港口检查

1. 检查水平和重点对象

《港口国措施协定》要求各缔约方对在其港口的一定数量的船舶进行检验，并应酌情通过区域性国际渔业管理组织、FAO 或其他方式，就最少应检验的船舶数量，达成协议。

检查对象的重点应放在以下种类的船舶：

① 根据《港口国措施协定》曾被拒绝进港或使用港口的船舶；

② 其他有关方、国家或区域性国际渔业管理组织要求进行检验的有关船舶，尤其是这种要求附带着该船从事 IUU 捕捞或支持 IUU 捕捞相关活动的证据的；

③ 有明确理由怀疑该船曾从事 IUU 捕捞或支持 IUU 捕捞相关活动的其他船舶。

2. 检查的内容

各缔约方应确保其检查员至少检查以下事项，并评估是否掌握明确证据，确信渔船从事 IUU 捕捞或支持 IUU 捕捞相关活动。

① 尽可能核实船上有关渔船的证明文件和船主信息的真实、完整和正确性，必要时可与船旗国适当联系或查询国际渔船记录。

② 核实船旗和识别标志与文件中的信息一致。

③ 尽可能核实捕捞及相关活动的授权是真实、完整、正确的，并符合进港申报时提供的信息。

④ 尽可能审查船上所有相关文件和记录，包括其电子版和船旗国或相关区域性国际渔业管理组织提供的渔船监测系统数据。相关文件可包括日志、捕捞、转运和贸易文件、船员名单、装载计划和图示、鱼舱说明和根据《CITES 公约》所需提供的文件。

⑤ 尽可能检验船上所有相关渔具，包括任何隐藏的渔具及相关装置，并尽可能核实渔具符合授权条件。

⑥ 尽可能确定船上所载渔获物是否按授权书上规定的条件捕获。

⑦ 检验渔获物的数量和构成。

3. 检查的程序要求

① 由专门授权的合格或适合的检查员进行。检查员在检查前应向船长出示证明其检验员身份的有效证件。

③ 缔约方应确保检查员对船舶所有相关区域、船上鱼货、渔网和其他渔具、设备以及船上与查证其是否遵守有关养护和管理措施相关的文书或记录等全部进行检查。

④ 缔约方应要求船长向检查员提供所有必要协助和信息，并根据要求提交相关材料和文书或其核准无误的副本。

⑤ 如与船舶的船旗国有适当安排，应邀请船旗国参加检查。

⑥ 尽可能避免造成船舶的不合理滞延，尽可能降低对船舶的妨碍和不便，避免对船上鱼货质量产生不利影响的行动。

⑦ 尽可能与船长或高级船员进行沟通，包括在可行且必要时配备翻译。

⑧ 确保检查方式公正、透明、无歧视，不致对任何船舶构成骚扰，并根据国际法，不干扰船长在检验过程中与船旗国当局联络。

4. 检查结果的处理

《港口国措施协定》在附录中提供了一份作为检查结果的表格，要求作为每次检查结果的书面报告的最低标准，必须包含其中规定的信息。

缔约方应将每次检查的结果发送给受检船舶的船旗国，并酌情发送给以下有关方面。

① 相关缔约方和其他国家，包括检查证明该船在其国家管辖水域内从事 IUU 捕捞及捕捞相关活动的国家、船长为其国民的国家。

② 有关的区域性国际渔业管理组织。

③ FAO 和其他有关国际组织。

5. 电子信息交换

为促进协定的执行，《港口国措施协定》要求各缔约方尽可能建立沟通机制，在合理尊重保密要求的情况下，进行直接的电子信息交换，并与其他相关多边和政府间计划合作建立信息交流机制，最好由 FAO 协调，并促进与现有数据库交流有关《港口国措施协定》的信息。为此，缔约方应指定主管机构，作为协定框架下开展信息交流的联络点，并通知 FAO。FAO 应请相关区域性国际渔业管理组织提供其通过和实施的涉及协定的措施或决定情况，以便尽可能在充分考虑到相关保密要求之后，将其纳入信息分享机制。

6. 港口国检验后的行动

检查完成后，如果有明确证据相信被检查船舶从事 IUU 捕捞及捕捞相关活动，检查方应将调查结果及时通知船旗国并酌情通知相关的沿海国、区域性国际渔业管理组织和其他国际组织及该船船长的国籍国。如果尚未对该船舶采取措施，则应采取措施，拒绝其利用港口对先前未曾卸载过的渔获物进行卸载、转载、包装或加工或使用其他港口服务，特别包括加燃料和补给、维修和进坞等活动，但为船员安全或健康或船舶安全所必需的港口服务不应拒绝。检查方还可采取符合国际法的其他措施，包括有关船舶的船旗国明确要求或同意的措施。

7. 港口国的追索情况

《港口国措施协定》规定，缔约方应保持向公众提供所采取的港口国措施的追索权相关信息，并根据书面请求，向船舶所有人、经营人、船长或代表提供。这些信息应包括关于公共服务或司法机构的信息以及该缔约方在因任何所谓违法行动而遭受损失或损害情况下，是否有权按照其国家法律法规索求补偿的情况。

缔约方应酌情将任何此类追索行动的结果通知船旗国、船舶所有人、经营人、船长或代表。对于向其他缔约方、国家或国际组织通报的先前决定，缔约方应向他们通报对决定作出的任何变动情况。

（四）船旗国的作用

各缔约方应要求悬挂其国旗的船舶，在按照《港口国措施协定》执行的检验中，与港口国合作。当某缔约方有明确理由相信某悬挂其国旗的船舶从事 IUU 捕捞及捕捞相关活动，且正在寻求进入另一国港口或正在另一国港口停泊时，应酌情要求有关国家对船舶进行检查或采取符合《港口国措施协定》的其他措施。

各缔约方应鼓励悬挂其国旗的船舶，在遵守《港口国措施协定》或其行为方式与该协定规定相符的国家的港口，进行鱼货卸载、转运、包装和加工，并使用其他港口服务。鼓励各缔约方通过区域性国际渔业管理组织和粮农组织，制定公正、透明和非歧视性的程序，查明不遵守协定或行为方式与协定不符的任何国家。

港口国检查后，若某船旗国缔约方收到检查报告，表明有明确理由相信悬挂其国旗的船舶从事了 IUU 捕捞及捕捞相关活动，该缔约方应立即全面调查，一旦获得充足证据，应立即按照其法律法规采取执法行动，并应向其他缔约方和有关港口国以及酌情向其他有关国家、区域渔业性国际管理组织和 FAO 报告处理情况。

各缔约方应确保适用于悬挂其旗帜的船舶的措施至少与港口国措施同样有效。

第二章 有关远洋渔船的国际公约和管理制度

第一节 《1974 年国际海上人命安全公约》相关内容

《国际海上人命安全公约》是为保障海上航行船舶上的人命安全，在船舶结构、设备和性能等方面规定统一标准的国际公约。根据公约规定，各缔约国所属船舶须经本国政府授权的组织或人员的检查，符合公约规定的技术标准，取得合格证书，才能从事国际航运。

因 1912 年发生"泰坦尼克"号客船碰撞冰山而沉没的事故，在英国政府倡议下，1913 年在伦敦召开了第 1 次海上人命安全会议，并于 1914 年 1 月 20 日制定了第一个《国际海上人命安全公约》。公约的主要内容涉及船舶构造、分舱与稳性、救生和消防设备、无线电通信、航行规则和安全证书等方面。公约只适用于载有 12 人以上的船舶，但一直未能生效。1929 年召开第 2 次国际海上人命安全会议，通过了《国际海上人命安全公约》，它较 1914 年的公约提出了更为详细、具体的要求，但也未生效。直至 1952 年 11 月 19 日，第 3 次国际海上人命安全会议通过的《1948 年国际海上人命安全公约》才生效。1960 年 5 月 17 日至 6 月 17 日，国际海事组织（International Maritime Organization，IMO）（当时名称为"政府间海事协商组织"）在伦敦召开第 4 次国际海上人命安全会议，在 1948 年公约的基础上制定了《1960 年国际海上人命安全公约》，规定了各项船舶安全证书。该公约于 1965 年 5 月 26 日生效。

1974 年 10 月 20 日至 11 月 1 日，国际海事组织在伦敦召开第 5 次国际海上人命安全会议，在修改《1960 年国际海上人命安全公约》的基础上制定了《1974 年国际海上人命安全公约》。其主要内容涉及船舶检验、船舶证书、船舶构造、消防和救生设备、航行安全、无线电设备、谷物运输和危险货物运输等许多方面。其技术规则部分，与 1960 年的公约相比，主要增加了油轮消防安全措施，为救助目的使用的无线电话装置，为避碰应配备雷达等电子助航设备，采用新的散装谷物规则等。该公约于 1980 年 5 月 25 日生效，截至 2006 年 12 月 31 日，共有 143 个缔约国。

1978 年 2 月 6—17 日，国际海事组织召开国际油轮安全和防止污染会议，通过了《1974 年国际海上人命安全公约 1978 年议定书》，在检验发证、操舵装置、雷达、惰性气体装置和证书格式等方面提出了补充要求。该议定书于 1981 年 5 月 1 日生效。截至 2006 年 12 月 31 日，共有 97 个缔约国。中国政府于 1982 年 12 月 17 日加入该议定书。1988 年议定书将全球海上遇险与安全系统和检验与发证协调系统引入公约，该议定书于 2000 年 2 月 3 日生效，截至 2006 年 12 月 31 日共有 78 个缔约国。我国于 1995 年 2 月 3 日核准了该议定书。

1994 年安全公约缔约国大会通过的修正案，增加了第Ⅸ章船舶安全营运管理、第Ⅹ章高速船的安全措施和第Ⅸ章加强海上安全的特别措施。1997 年安全公约缔约国大会通过的修正案，增加了有关散货船安全的第Ⅻ章。根据《1974 年国际海上人命安全公约》1978 年议定书引入的对公约修正案采用"默认接受程序"，这些修正案均已生效。所谓"默认接受程序"即在修正案通过之日后一年内或在修正案中规定的期限内，如不到 1/3 缔约国提出书面反对，则应视为该修正案已被接受，并自被视为已被接受之日起 6 个月后，该修正案对所有缔约国生效，并具有约束力。国际海事组织海上安全委员会第 77 届会议（2003 年 6 月 5 日）、第 78 届会议（2004 年 5 月 20 日）和第 79 届会议（2004 年 12 月 9 日）分别以 MSC.142（77）号、MSC.152（78）号、MSC.153（78）号和 MSC.170（79）号决议通过了经修正的《1974 年国际海上人命安全公约》（以下简称《SOLAS74 公约》）的 4 项修正案。

根据《SOLAS74 公约》第Ⅷ（b）（ⅶ）（2）条关于修正案默认接受程序的规定，上述 4 项修正案已于 2006 年 7 月 1 日生效。

2005 年的修正案主要涉及《SOLAS74 公约》第Ⅱ-1 章，旨在使有关客船和货船的分舱稳性和破舱稳性的规定协调一致。该修正案在 2009 年 1 月 1 日生效后适用于新建造船舶。

2006 年 5 月修正案主要对《SOLAS74 公约》的第Ⅱ-2、Ⅲ、Ⅳ、Ⅴ章作出修改，特别是为了配合反恐，做出了船舶配备远程识别与跟踪系统（LRIT）的要求。这一修正案于 2008 年 1 月 1 日生效。2006 年 12 月的修正案有几个附件，涉及对第Ⅱ、Ⅲ、Ⅻ章以及1988年议定书的修正，附件1于2008年7月1日生效，附件2于2009年1月1日生效，附件3于2010年1月1日生效。对议定书的修正案于2008年7月1日生效。

2007年的修正案主要涉及对第Ⅳ、Ⅵ章以及附录的修正，修正案已于2009年7月1日生效。

2008年5月修正案涉及第Ⅱ-2章、第Ⅺ-1章等章节，修正案已于2010年1月1日生效。

2009年修正案主要涉及第Ⅱ、Ⅴ、Ⅵ章等章节，主要内容包括对含有石棉的材料的禁止，对驾驶台航行值班报警系统（Bridge Navigational Watch Alarm System，BNWAS）的要求以及强制安装电子海图显示与信息系统（ECDIS）的要求，修正案已于2011年1月1日生效。

2010年修正案对《SOLAS74公约》第Ⅱ-1章进行了修改，从而使酝酿已久的油船和散货船目标型标准（Goal Based Standards，GBS）成为强制性文件。新的《SOLAS74公约》第Ⅱ-1/3-10条适用于150 m及以上长的油船和散货船，要求为特定设计寿命而设计和建造的新船在完整稳性和特定的破损条件下能够安全和环境友好。因此，船舶应具备适当的强度、完整性、稳性以减少由于结构损坏造成的船舶损失和海上环境污染的风险。该修正案已于2012年1月1日生效。

2011年5月修正案主要对《SOLAS74公约》第Ⅴ/18、Ⅴ/23款进行了修正，包括对自动识别系统的（AIS）的年度检测规定，已经于2012年7月1日生效；对第Ⅲ/1款的修正，涉及救生装置的规定，已于2013年1月1日生效。

2012年5月修正案主要对《SOLAS74公约》第Ⅱ-1/8-1、Ⅲ/20.11.2、Ⅴ/14款，第Ⅵ、Ⅶ章，第Ⅺ-1章第Ⅺ-1/2款进行了修正，涉及引入有关新客船船载稳性计算或岸基支持、自由下落式救生艇的试验的内容、船舶配员、禁止在航次中进行散装液货的混合和生产活动、运输包装危险货和集装箱/车辆包装证书规定以及加强检查等。这些修正已于2014年1月1日生效。

第二节　《1972年国际海上避碰规则公约》相关内容

《国际海上避碰规则》（Convention on the International Regulation for

the Preventing Collision at Sea）原是政府间海事协商组织制定的《国际海上人命安全公约》1948年文本的第2附件，1972年修改后成为《1972年国际海上避碰规则公约》（以下简称《避碰规则》）的附件。它是为确保船舶航行安全，预防和减少船舶碰撞，规定在公海和连接于公海的一切通航水域共同遵守的海上交通规则。

该规则规定凡船舶及水上飞机在公海及与其相连可以通航海船的水域，除在港口、河流实施地方性的规则外，都应遵守该规则。规则主要是有关定义、号灯及标记、驾驶及航行规则等。规则对船舶悬挂的号灯、号型及发出的号声，在航船舶自应悬挂的号灯的位置和颜色，锚泊的船舶悬挂号灯的位置和颜色，失去控制的船舶必须使用的号灯和号型表示，船舶在雾中航行以及驾驶规则等，都作了详细的规定。我国于1957年同意接受《国际海上避碰规则》。

《避碰规则》自1977年7月15日生效以来，国际海事组织（IMO）于1981年、1987年、1989年、1993年、2001年和2007年分别对《避碰规则》进行了修正。其中，前5次修正都已陆续生效，2007年的修正案于2009年12月1日正式生效。

第三节　《1989年国际救助公约》相关内容

《1910年国际救助公约》实施后，对统一海难救助法律制度起到了不可估量的作用。随着科学技术和经济的发展，1910年公约中的某些内容已经不能适应变化了的形势，如无偿救助人命原则不利于鼓励救助人从事救助作业，又如无效果无报酬原则同样适用于对油轮的救助，打击了救助人救助遇险油轮和防止海洋污染的积极性。因而，1981年5月国际海事委员会（Comité Maritime International，CMI）又借鉴了英国海难救助法律与实践，在加拿大蒙特利尔召开第32届国际会议，起草了新的《1981年国际救助公约草案》。1989年4月15—29日，国际海事组织（IMO）在英国伦敦召开外交大会，通过了《1989年国际救助公约》，该公约于1996年7月14日生效。该公约是在《1910年国际救助公约》的基础上，参照《1981年国际救助公约草案》制定而成的。该公约最重要的目的是修改原公约对救助作业的规定，以便更好地保护海洋环境和鼓励救助人对遇险油轮及其他海上财产进行救助。

与《1910 年国际救助公约》相比，该公约对船舶、财产的概念和公约的适用范围等作出了较大的改动，对救助遇难船舶的报酬做出了新的规定，对防止水域污染的花费给予补偿，其中最引人注目的就是特别补偿条款。

1993 年 12 月 29 日，经我国八届全国人大五次会议批准，我国正式加入《1989 年国际救助公约》。

第四节 《1995 年国际渔船船员培训、发证和 值班标准公约》相关内容

《1995 年国际渔船船员培训、发证和值班标准公约》（以下简称《STCW—F 1995 公约》）属强制性的规定，任何国家不得有保留或声明。该公约正文包括有一般义务、定义、适用范围、资料交流、其他文件和解释、发证、国内规定、监督、促进技术合作、修正以及有关签署、批准、生效、退出等。《STCW—F 1995 公约》于 2012 年生效，我国是该公约签字国。

（一）缔约国的义务和权力

1. 缔约国的一般义务和提供资料

为了使该公约得到充分和完全的实施，各缔约国都有义务颁布一切必要法律、法令、规则和其他措施，并应向国际海事组织秘书长提交实施该公约所规定的国内措施报告，包括所有船员证书的样本。

2. 缔约国为实施该公约尚须建立诉讼和程序的国内规定

该公约规定缔约国对其渔船船员不称职行为或疏忽，从而威胁海上人命和财产安全或海洋环境等，应建立诉讼和程序，予以退回、停职或撤销有关证书，并对下列情况应采取处罚或纪律措施，即：船东或船长雇用未按该公约规定要求持证的船员；船长允许无证船员承担应由持证人员承担的职务和工作；欺诈或伪造证件的人员承担持证人员的职务和工作。

3. 作为缔约国的港口国的权利

作为缔约国的港口国，有权指派正式授权的官员对进入其港口的任何国家的渔船进行检查，检查所有船员应具备的证书，对不符合该公约规定的任何缺陷，应立即以书面形式通知该船船长和主管机关，以便采取适当措施。上述任何缺陷未能纠正，并危及人员、财产或环境时，执行监督的缔约国应采取措施，务必要求该船应符合该公约的规定，待危险消除后，才能准其开航。

(二)《STCW—F 1995 公约》的有关具体要求

1.《STCW—F 1995 公约》的适用范围

该公约适用于有权悬挂缔约国国旗的所有海洋渔船的船员。公约规定的"渔船"是指商业性捕鱼或其他海洋生物资源所使用的任何船舶。并对渔船长度在 24 m 以上至未及 45 m 范围的下列船员，强制性规定培训内容：长度为 24 m 及以上的无限水域作业的渔船船长和负责航行值班驾驶员；长度为 24 m 及以上的限定水域作业渔船的船长和负责航行值班驾驶员；主推进动力装置为 750kW 及以上的渔船的轮机长和大管轮；负责无线电通信的人员；所有渔船船员的基本安全培训；长度为 24 m 及以上渔船水手的岗前培训。

2.《STCW—F 1995 公约》的强制性最低要求和发证最低知识要求

该公约对船长、负责航行值班驾驶员、轮机长、大管轮和无线电人员等规定的发证强制性最低要求主要有：船员的最低年龄不小于 18 周岁；视力要求按缔约国体检标准；海上资历一般不少于 2 年等。

发证的最低知识要求分别是：对船长和负责航行值班驾驶员发证的最低知识要求，主要包括航行和定位、值班、雷达导航、磁罗经和电罗经、气象和海洋、渔船操纵、渔船结构与稳性、渔获物装卸和积载、渔船动力装置、消防、应急措施、医护、海事法规、英语、通讯、救生、搜寻和救助、粮农组织、劳工组织和国际海事组织共同制定的《渔民和渔船安全守则》A 部分以及防止海洋环境污染等 18 类项目。海事法规中除《避碰规则》及《SO-LAS74 公约》外，还有《国际渔船安全公约 1993 年议定书》和经 1978 年议定书修订的《1973 年国际防止船舶造成污染公约》有关内容及《国际健康规则》等。对英语的要求是能使用英文版海图和航海出版物，了解气象资料和安全操作方法，能与他船或岸台通讯，具有使用国际海事组织《标准海上用语词组》的能力。

该公约规定轮机长和大管轮的发证最低知识要求相同，即要求由基础理论和专业知识两部分组成。基础理论部分包括燃烧、传热、力学和流体力学等。专业知识包括渔船动力装置、电气设备、辅机系统、舵机系统、自动化装置系统、渔船结构、制冷系统等的原理、操作、保养，故障和损害的检查、确定和其预防措施，机舱的安全措施，海洋环境污染的规则和防污方法及其设备，机舱内工伤急救，船损安全控制以及有关法规。

该公约规定所有渔船船员在安排船上任何职责和岗位之前，必须进行 6 项基本安全培训，即：救生技术，防火和灭火，应急措施，初步急救方法，海洋防污，海上意外事故的防止。

长度为 24 m 及以上的渔船水手培训要求，有关国家政府尽可能为渔船船员举办"出海前的培训班"。建议内容包括应知和应会两个部分，应知部分的内容有：船上常用口令、船上作业中有关险情发生的可能、懂得甲板机械设备和捕捞作业设备的结构、使用和效用、门窗和舱盖等水密性和防风雨密封装置、渔获物和渔具的贮藏、排水孔的功能等；应会部分的内容有：能操作有关绞机和甲板设备、绳索的插接和眼环制作、系泊绳索的操作等。

第五节　《〈1973 年国际防止船舶造成污染公约〉1978 年议定书》附则Ⅰ、Ⅱ、Ⅳ、Ⅴ相关内容

《〈1973 年国际防止船舶造成污染公约〉1978 年议定书》（以下简称《MARPOL 73/78》）以及 1997 年议定书和之后的若干修订案形成了一个关于防止船舶造成污染的庞大的国际公约体系，为防止船舶污染建立了完备的技术法规。以下简要介绍涉及渔船的有关规定。

1. 防止船舶油污染

（1）**船舶检验和发证**　不小于 150 GT 的油轮和不小于 400 GT 的其他船舶应由主管机关按公约的要求进行初次检验、定期检验、期间检验，并发给国际防止油污证书。

（2）**排油控制**　不小于 400 GT 的非油运船舶，除非以下情况，不得将油类或油性混合物排放入海：船舶不在特殊区域之内；船舶距最近陆地 12 n mile 以上；船舶正在途中航行；废液的含油量小于 100 ppm；或者，船舶上装有符合公约规定的排油监、控系统和油水分离设备、滤油系统或其他装置，且正在运转。但如果将油类或油性混合物排放入海，是为保障船舶安全或救护海上人命所必需，或是由于船舶或其设备遭到损坏的缘故以及将经主管机关批准的含油物质排入海中，且经拟进行排放所在地区的管辖政府批准，用以与特殊的污染事故作斗争，以便使污染损害减至最低限度，则不适用上述规定。对于船舶或设备损坏的情况，须在发生损坏或发现排放后，为防止排放或使排放减至最低限度，采取了一切合理的预防措施；船东或船长是故意造成损坏，或轻率行事而又知道可能会招致损坏的除外。

（3）**排油监、控系统和油水分离设备**　不小于 400 GT 的任何船舶，应装有由主管机关批准设计的油水分离设备或过滤系统；凡载有大量燃油的这

种船舶以及不小于 10 000 GT 的船舶，除上述设备外，还应装有一个由主管机关批准设计的排油监、控系统，或装有能够分离出含油量不超过 100 ppm 油性混合物的油水分离设备和应能接受分离设备所排出的废液并使其含油量不超过 15 ppm 的过滤系统。

主管机关应保证小于 400 GT 的船舶尽可能设有将油类或油性混合物留存船上或符合前述排油控制要求进行排放的设备。但如果未经稀释其含油量不超过 15 ppm 的油性混合物的排放除外。

(4) **油类与压载水的分隔** 不小于 4 000 GT 的非油轮船舶，不得在任何燃油舱内装载压载水。所有其他的船舶，在合理和可行的范围内，应尽力遵守这一规定。如有异常情况或需要载有大量燃油，致使必须在燃油舱中装载不清洁的压载水时，这种压载水应排入接收设备，或使用上述符合公约规定的排油监、控系统或油水分离设备，按排油控制规定排放入海，并应将这一情况记入油类记录簿。

(5) **残油舱** 不小于 400 GT 的船舶，应参照其机型和航程长短，设置一个或几个有适当容量的舱柜，接收按公约要求不能以其他方式处理的残油（油泥）。舱柜的设计和建造，应能便利其清洗和将残油排入接收设备。

(6) **标准排放接头** 为使接收设备的管子与船上机舱舱底残余物的排放管路相连结，两条管上均应装有符合公约要求的标准排放接头。

(7) **油类记录簿** 不小于 400 GT 的非油轮船舶，应按规定的格式备有一本油类记录簿，不论其是否作为船舶正式航海日志的一部分，均可。每当船舶进行下列任何一项作业时，均应按舱填写油类记录簿：燃油舱或货油处所的压载或清洗；压舱水或洗舱水的排放；残油的处理；在港期间机器处所积存的舱底水向舷外的排放和航行途中机器处所积存舱底水的排放。因保障船舶安全或救护海上人命所必需，或是由于船舶或其设备遭到损坏的缘故等意外排放或其他特殊排油情况时，应在油类记录簿中说明这种排放的情况和理由。

2. 防止船舶生活污水污染

防止船舶生活污水污染的规则适用于不小于 200 GT、小于 200 GT 但核定许可载运 10 人以上、未经丈量 GT 位但核定许可载运 10 人以上的船舶。

(1) **检验和发证** 从事航行其他缔约国所辖港口或近海装卸站的船舶，应进行初次检验、定期检验（间隔期不超过 5 年，除非初次检验后发放的国际防止污水污染证书有效期得到延展）。经初次检验合格的，应该由船舶主管机关或经主管机关正式授权的任何人员或组织签发国际防止生活污水污染证书，有效期不超过 5 年。

（2）生活污水的排放　除以下情况外，禁止将生活污水排放入海。船舶在距最近陆地 4 n mile 以外，使用主管机关按批准的设备，排放业经打碎和消毒的生活污水，或在距最近陆地 12 n mile 以外排放未经打碎或消毒的生活污水。

集污舱中储存的生活污水于船舶以不低于 4 kn 的航速在途中航行时，以中等速率进行排放，排放率应经主管机关根据海协组织制定的标准予以批准。

船舶所设经批准的生活污水处理装置，正在运转，该装置已由主管机关验证符合公约要求，同时该设备的试验结果已写入该船的国际防止生活污水污染证书，且排出的废液在其周围的水中不应产生可见的漂浮固体，也不应使水变色；或船舶在某一国家所辖的水域内，按照该国可能施行的较宽要求排放生活污水。

生活污水与具有不同排放要求的废弃物或废水混在一起时，应适用其中较严格的要求。

（3）生活污水的排放限制的例外　如果从船上排放生活污水，是为了保障船舶及船上人员安全或救护海上人命所必需，或是由于船舶或其设备受损而排放生活污水，且在发生损坏以前和以后，已采取了一切合理的预防措施来防止排放或使排放减至最低限度，则不受上述生活污水排放的限制。

（4）标准排放接头　为了使接收设备的管子能与船上的排放管路相联结，两条管路均应装有符合公约标准的排放接头。

3. 防止船舶垃圾污染

（1）在特殊区域以外处理垃圾　一切塑料制品均不得处理入海。其他垃圾应在尽可能远离最近陆地的区域处理入海，但不得在距最近陆地不到 25 n mile 之内将会漂浮的垫舱物料、衬料和包装材料处理入海，不得在距最近陆地不到 12 n mile 之内将食品废弃物和一切其他的垃圾处理入海，包括纸制品、破布、玻璃、金属、瓶子、陶器及类似的废物。食品废弃物和一切其他的垃圾，在通过了粉碎机或磨碎机后，能通过筛眼小于 25 mm 的粗筛的，可允许在尽可能远离最近陆地之内处理入海，但禁止在距最近陆地不到 3 n mile 之内处理入海。如果垃圾与具有不同处理或排放要求的其他排放物混在一起，则应适用其中较严要求。

（2）在特殊区域以内处理垃圾　在地中海区域，波罗的海区域，黑海区域，红海区域和海湾区域，垃圾处理应符合以下要求。

禁止将下述垃圾处理入海：一切塑料制品以及一切其他的垃圾，包括纸制品、破布、玻璃、金属、瓶子、陶器，垫舱物料、衬料和包装材料；对于食品废弃物，应在距最近陆地 12 n mile 以外尽可能远离陆地处理入海。

以下情况处理垃圾入海不受上述限制：为保障船舶及船上人员安全或救护海上人命所必需；由于船舶或其设备受损而逸漏垃圾，且在发生损坏以前和以后已采取了一切合理的预防措施来防止逸漏或使逸漏减至最低限度；合成渔网或为修理这种渔网用的合成材料的意外失落，且已采取了一切合理的预防措施来防止这种失落。

4. 防止和控制船舶造成空气污染

防止和控制船舶造成空气污染规则形成于《MARPOL 73/78》的 1997年议定书（以下简称《1997年议定书》），主要内容包括以下方面。

（1）检验和发证　对于不小于 400 GT 的船舶，应由船舶主管机关进行初次检验、定期检验（间隔期不超过 5 年）和中期检验。初次检验合格的，发放国际防止空气污染证书，证书有效期不超过 5 年，符合公约规定的延展规定的，可以作不超过 5 个月的延展。

（2）港口国检查　船舶在《1997年议定书》另一当事国管辖范围内的港口或离岸码头中时，如有明确理由认为船长或船员不熟悉有关防止船舶造成空气污染的重要船上程序，应接受由该当事国正式授权的官员对议定书规定的营运要求的检查。

船舶在一当事国的任何港口或离岸码头中时，应接受该当事国指定或授权的官员为查明该船是否以违反规定方式释放了公约规定的物质而进行的检查；如得到任何其他当事国的调查请求，并具有该船在任何地方违规释放的充分证据，则该当事国也可对船舶作出检查。

（3）臭氧消耗物质释放控制　禁止对臭氧消耗物质的任何有意释放，包括在保养、维修、修理或处置系统或设备的过程中发生的释放，但不包括与臭氧消耗物质的回收或再循环相关的最低释放量。臭氧消耗物质的渗漏造成的释放，可由当事国作出规定。在所有船上均禁止含有臭氧消耗物质的新装置，但在 2020 年 1 月 1 日前允许含有氢—氯氟碳（CHCs）的新装置。在从船上去除臭氧消耗物质及含有此种物质的设备时，应送到适当的接收设施中。

（4）**氮氧化合物（NO_X）释放控制** 安装在 2000 年 1 月 1 日或以后建造或进行重大改动的船舶上的、功率输出大于 130 kW 的每一柴油机的 NO_X 释放量（按 NO_2 的总加权释放量计算）应符合公约规定的限度，否则不得使用。

（5）**硫氧化物（SO_X）释放控制** 一般要求，船上使用的任何燃油的含硫量不应超过 4.5％（m/m），并应根据国际海事组织制定的导则监测供船上使用的残余燃油的世界平均含硫量。在议定书规定的 SO_X 释放控制区内进行更加严格的要求。

（6）**挥发性有机化合物释放控制** 在当事国对其管辖下的港口内对液货船造成的挥发性有机化合物（VOCs）的释放作出规定时，应符合议定书的规定。

（7）**船上焚烧控制** 除了船上焚烧的是船舶正常营运期间产生的污水、污泥和油泥可在主机或辅发电机装置或锅炉中进行（但不能在港口和河口中进行），焚烧只允许在船上的焚烧炉中进行。焚烧炉应符合《1997 年议定书》的要求。禁止在船上焚烧公约列举的货物残余物及其相关的被沾污的包装材料以及多氯联苯（PCB）、含有卤素化合物的提炼石油产品、含有超过微量重金属的垃圾。禁止在船上焚烧聚氯乙烯（PVC），除非是在国际海事组织颁发了"型式认可证书"的船上焚烧炉中进行。

（8）**燃油质量要求** 船上燃油应是石油提炼产生的烃类掺和物（可加入少量添加剂），并符合以下要求：不含无机酸，不含损害船舶安全或对机器性能有不利影响、或对人员有害、或全面助长额外空气污染的添加物质或化学废物。以非石油提炼方法产生的燃烧燃料不应超过议定书规定的含硫量、NO_X 释放限度，且符合上述对石油提炼产生的燃料的要求。装到船上并在船上使用的燃料应通过燃料装舱单记录详细资料，当船舶在其港口或离岸码头中时，当事国政府的主管当局可对船上的燃料装舱单进行检查。

第六节 《2001 年国际燃油污染损害民事责任公约》相关内容

《2001 年国际燃油污染损害民事责任公约》适用于缔约国领土和领海、专属经济区或其领海基线 200 n mile 范围内的水域的污染损害和为预防或减轻这种损害而在无论何地所采取的预防措施。涉及渔船的主要规定有以下几个方面。

1. 船舶所有人的责任

① 发生事故时，船舶所有人应对事故引起的任何由于船上装载的或来源于船舶的燃料油所造成的污染损害负责，若该事件包括一系列事故，则船舶所有人的赔偿责任自第一次事故发生时起算。如果这种情况有一个以上的人应对事件负责，那么这些人负连带责任。船舶所有人拥有的独立于公约之外的追偿权利不受损害。

② 船舶所有人如能证实损害属于以下情况，则不负责任：由于战争行为、敌对行为、内战或武装暴动或特殊的、不可避免的和不可抗拒性质的自然现象所引起的损害；完全是由于第三者有意造成损害的行为或不作为所引起的损害；完全是由于负责灯塔或其他助航设备的维修、保养的政府或其他主管当局在履行其职责时的疏忽或其他过失行为所造成的损害。

③ 如船舶所有人证明，污染损害完全或部分地是由于受害人有意造成损害的行为或不为，或是其疏忽而引起的，则该船舶所有人可全部或部分地免除对该人所负的责任。

④ 当发生涉及两艘或两艘以上船舶事故并造成污染损害时，所有有关船舶的所有人，除上述豁免者外，应对所有无法合理分开的损害负连带责任。

⑤ 不得对船舶所有人作出公约规定以外的污染损害赔偿。

⑥ 船舶所有人与提供保险和经济担保的人享有依据任何可以适用的国内或国际法律制度的责任限制的权利。

2. 强制保险和经济担保

① 已登记的船舶所有人在一缔约国内登记拥有 1 000 GT 以上船舶的，必须进行保险或取得其他经济担保。缔约国的主管当局应向满足条件的船舶颁发证明保险或其他经济担保的证书。对于在缔约国登记的船舶，这种证书应由船舶登记国的主管当局颁发或签证；对于非在缔约国登记的船舶，证书可由任何一个缔约国的主管当局颁发或签证。证书应以颁发国的一种或数种官方文字签发，如所用文字非英文、法文或西班牙文，则全文应包括译成该三种文字之一的译文，如果缔约国如此决定，则该国官方文字可以被省略。

② 无证明保险或其他经济担保证书的船舶不得从事营运。持有证书的船舶应将证书保存于船上，其一份副本应交由保存该船登记记录的主管当局收存，如该船未在缔约国登记，则应由签发或确认此证书的国家主管当局

收存。

③ 对污染损害的任何索赔，可向保险人或提供经济担保的其他人直接提出，在这种情况下，被告可以援用船东本可援用的抗辩（除非船舶所有人破产或关闭息业），包括责任限制。除此以外，被告人可以提出抗辩，说明污染损害是由于船舶所有人的故意的不当行为所造成，但不得援用在船舶所有人向其提出的诉讼中可援引的抗辩。在任何情况下，被告有权要求船舶所有人参加诉讼。

④ 如果是缔约国所有的船舶未进行保险或未取得其他经济担保，前述要求规定不得适用于该船。但该船应备有一份由船舶登记国有关当局签发的证书，声明该船为该国所有，并且该船的责任限制在国际责任法律规定的限度内。

3. 诉讼时效

如果不能在损害发生之日起 3 年内提出诉讼，按公约要求赔偿的权利即告失效。无论如何不得在引起损害的事件发生之日起 6 年之后提出诉讼。如该事件包括一系列事故，6 年的期限应自第一个事故发生之日起算。

4. 诉讼管辖权

当某一事件在一个或若干个缔约国的领土、领海或公约适用的其他水域造成了污染损害，或已在上述区域中采取了防止或减轻污染损害的预防措施时，对船舶所有人、保险人或其他为船舶所有人的赔偿责任提供担保的人提起的索赔诉讼，仅可在上述任何缔约国的法院提起。提起的诉讼应合理地通知每一个被告人。

第二篇
航　海

第三章 海　　图

海图是地图的一种，它是以海洋及其毗邻的陆地为描述对象、为航海的需要而专门绘制的一种地图。海图上详细地绘画有航海所需的各种资料，如：岸形、岛屿、浅滩、沉船、水深、底质、碍航物和助航设施等。

海图是航海的重要工具之一，航行前拟定计划航线、制定航行计划，航行中进行航迹推算和定位等以及航行结束后总结航行经验和发生海事后分析事故原因、判断事故责任等，都离不开海图。正确地了解海图的投影、海图图式、海图分类和使用保管等，是航海驾驶员的重要任务之一。

第一节　海图识读

在一张海图上不仅有经、纬线海图图网，而且还要把所用的航海资料按其各自的地理坐标，用一定的图例、符号、缩写和注记绘画到图网上去，再经过制版和印刷而成为海图。这种绘制海图所用的图例、符号、缩写和注记称为海图图式。

我国目前所出版的海图是根据海军航保部 1990 年 4 月发布的 GB 12317—90《海图图式》绘制的，英版海图是根据英版海图 5011《英版海图符号与缩写》（Symbols and Abbreviations used on Admiralty Charts）绘制的。

一、海图基准面和底质

海图基准面（vertical datum）包括海图的高程基准面和深度基准面（如图 3-1 所示）。

（一）海图高程基准面

由于高程基准面不同，同一物标在中、英版海图上的高程不同。

通常情况下，中版海图的高程大于英版海图的高程。

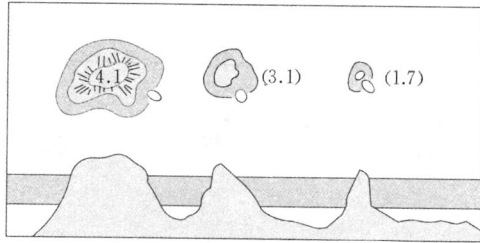

图 3-1　海图基准面示意图

1. 中版航海资料中的高程基准面

高程基准面（height datum，HD）以我国海图上标注的山头、岛屿及明礁等的高程起算面，采用"1985 年国家高程基准面"，也有采用当地平均海面作为起算面的。

（1）高程（height）　由高程基准面至物标顶端的海拔高度。

表示：海图陆上所标数字以及水上带有括号的数字。

单位：米（m）。

精度：高度大于 10 m 者精确到 1 m；高度小于 10 m 者精确到 0.1 m。

高程点一般是用黑色圆点来表示，并在其附近明确标有高程等高线。所谓等高线是指相等高程的各点，在平均海面上的垂直投影点的连线。细的实线绘出的是基本等高线；每隔四条基本等高线画一加粗等高线。等高线上的数字是该等高线的高程；凡用虚线描绘的等高线是草绘曲线，它表示并未经精确测量过；没有高程的等高线是山形线，在同一条曲线上不一定等高和封闭。等高线示意图如图 3-2 所示。等高线可以用来辨认山形。

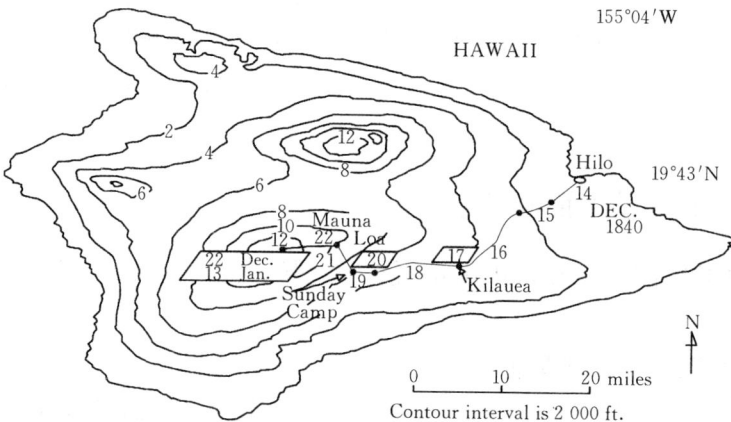

图 3-2　等高线示意图

（2）灯塔（灯桩）的灯高（elevation）　光源中心至平均大潮高潮面的高度。

单位：米（m）。

精度：高度大于 10 m 者精确到 1 m；高度小于 10 m 者精确到 0.1 m。

（3）干出（dries）高度　是由海图深度基准面起算的、在大潮高潮面之下的物标高度。一般在数字下注有"＿"，如"2_2 表示该处礁石在深度基准面以上 2.2 米"。

（4）比高　物标本身的高度，是自地物、地貌基部地面至物标顶部的高度。

表示：一般在物标旁括号内注有"⌒"的数字。

（5）架空电线（管道）净空高度（charted vertical clearance）　自平均大潮高潮面或江河高水位至管线下垂最低点的垂直距离。

（6）桥梁净空高度　自平均大潮高潮面或江河高水位（设计最高通航水位）至桥下净空宽度中下梁最低点的垂直距离。

单位：米（m）。

精度：高度大于 10 m 者精确到 1 m；高度小于 10 m 者精确到 0.1 m。

2. 英版航海资料中的高程基准面

高程基准面以平均大潮高潮面（以半日潮为主的海区）或平均高高潮面（以日潮为主的海区）作为高程起算面，无潮汐海区则以当地平均海面作为高程起算面（如图 3-3 所示）。

灯塔（灯桩）高度，干出礁的干出高度和比高的基准面都与我国的相同。

桥梁及架空电缆等净空高度是由平均大潮高潮面、平均高高潮面或平均海面起算。

单位：米制海图为米（m），拓制海图为英尺（ft）。

（二）深度基准面

海图上标注水深的起算面称为深度基准面（chart datum，CD），又称海图深度基准面。

1. 中版海图的深度基准面

中版海图深度基准面为理论最低潮面（或称理论深度基准面）。

（1）水深　即海图深度基准面至海底的深度。

表示：海图水面上的数字表示水深，但不包括带括号的和数字下有横线的。其中斜体字表示新测量的资料；直体字表示系采用旧资料，表示深度不准确或来自小比例尺海图的资料；1：500 000 或更小比例尺的海图上，水深一律采用斜体字。

在标注时，水深数据小数位以下标形式出现，如某处水深为 9.2 m，标注为"9_2"。

特殊水深：未曾精测过或未曾改正潮高的水深；未测到底的水深。

水深点的位置是在水深数字整数字的中心。

单位：米（m）。

精度：水深浅于 21 m 的精确到 0.1 m；21～31 m 精确到 0.5 m，小数 0.9，0.1，0.2，0.3 化至相近的整米数，小数 0.4～0.8 化至 0.5 m；水深深于 31 m 的精确到 1 m；

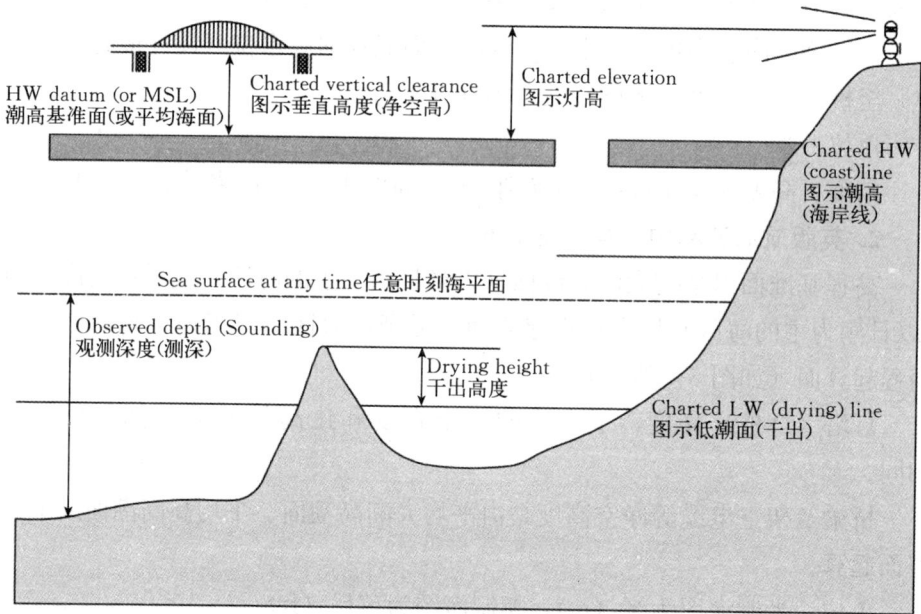

图 3-3　英版高程基准面示意图

（2）等深线　海图上水深相等的各点连线。

表示：用细实线描绘，10 m 以内诸等深线分别用逐渐加深的颜色显示。用虚线描绘的等深线是根据稀少水深勾绘的，位置不准确。

2. 英版海图的深度基准面

英版海图深度基准面为平均大潮低潮面。英国各港现已改用天文最低潮面（lowest astronomical tide，LAT）（如图 3-4 所示）。

单位：米制海图为米（m），拓制海图为拓（1 拓＝12 ft）和英尺（ft）。

$\overset{\centerdot}{2}90$表示未测到底的水深，它是指测到一定深度且尚未着底的深度。

$3\overset{\centerdot}{2}$表示未曾精测过或未曾改正潮高的水深。

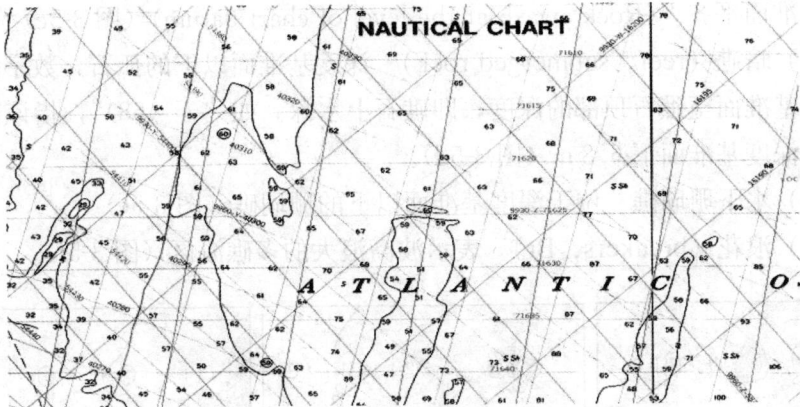

图3-4　英版海图的深度基准面

（三）底质（nature of seabed）

底质即海底的性质，中、英版海图的标注基本相同，用英文缩写标注，底质为选择锚地和测深辨位提供依据。

（1）**底质类型**　主要有沙（sand，S）、泥（mud，M）、黏土（clay，Cy）、淤泥（silt，Si）、石（stone，St）、岩石（rock，R）、珊瑚和珊瑚藻（coral，Co）以及贝（shells，Sh）等。

（2）**注记顺序**　先形容词后底质种类。如"软泥（SOM）"、"粗沙（CS）"；混合底质，则应先写成分多的，后写成分少的，如"泥沙（M.S）"；不同深层底质，先上层及其深度，再下层，如"软泥$_{(15)}$沙（SOM$_{(15)}$S）"。

二、航行障碍物和航标

（一）航行障碍物（obstruction）

航行障碍物简称"碍航物"，有天然障碍物和人为障碍物两种。

1. 天然航行障碍物

（1）**明礁（rock uncovered）**　平均大潮高潮时露出的孤立岩石，与小岛表示方法相同，括号内注记数字表示高程（图3-5a）。

（2）**干出礁**（drying rock）　位于平均大潮高潮面以下深度基准面以上的孤立岩石。高潮时淹没，低潮时露出。注记数字系干出高度（下划线）（图 3-5b）。

（3）**适淹礁**（rock awash）　在深度基准面适淹的礁石，即礁石顶端与深度基准面平齐。（Rock awash at the level of chart datum）（图 3-5c）。

（4）**暗礁**（reef，submerged rock）　深度基准面以下的孤石，数字注记系深度基准面至礁石顶部的深度，即礁石上水深。如"＋（68）"，指该暗礁顶端在深度基准面下 6.8 m（图 3-5d）。

（5）**水下珊瑚礁**　位于深度基准面以下的珊瑚礁（图 3-5e）。

（6）**浪花**（breakers，Br）　表示波高浪大的多礁海区（图 3-5f）。

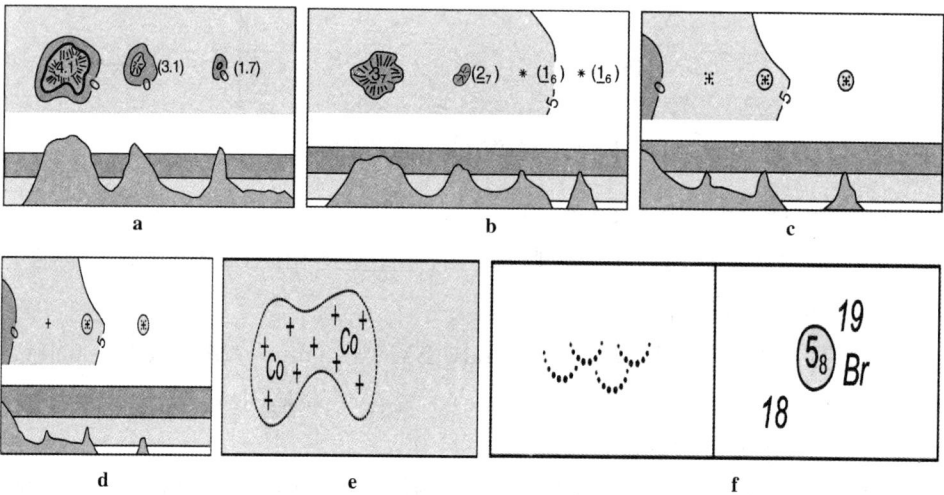

图 3-5　天然航行障碍物图式

a. 明礁　b. 干出礁　c. 适淹礁　d. 暗礁　e. 水下珊瑚礁　f. 浪花

注：a～d 图中上水平线为平均大潮高潮面 MHWS，下水平线为海图深度基准面 CD

2. 人为航行障碍物

（1）**沉船**（wreck，Wk）　沉船可细分为船体露出水面的沉船、部分露出沉船、仅桅杆露出的沉船、危险沉船、非危险沉船、经扫海的沉船、测得深度的沉船和深度未精测的沉船等。

沉船图式又可分为按比例绘画和不按比例绘画两种，并在其附近注记沉船年份和船名。

危险沉船是指其上水深小于等于 20 m（英版海图小于等于 28 m）的沉船，或深度不明、但有碍水面航行的沉船。

非危险沉船是指其上水深大于 20 m（英版海图大于 28 m）的沉船，或深度不明、但不影响水面航行的沉船。

部分露出深度基准面的沉船，不按比例绘画。

仅桅杆露出深度基准面的沉船。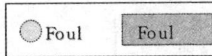

船体露出大潮高潮面的沉船，按比例绘画。

深度基准面下深度不明的沉船，按比例绘画。

中版水深大于 20 m（英版大于 28 m）的沉船。

中版水深小于等于 20 m（英版大于 28 m）的沉船。

经扫海已知最浅深度的沉船。

未进行精确测量，沉船最浅深度不明的沉船。

（2）其他障碍物（obstruction，Obstn） 碍航物外加点线圈是提醒人们对危及水面航行的碍航物应予以特别注意，并非危险界限。

沉船残骸及其他有碍抛锚和拖网区域。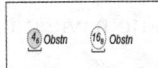

深度不明的碍航物。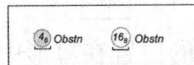

已知最浅深度的碍航物。

经扫海已知最浅深度的碍航物。

鱼栅。

鱼礁。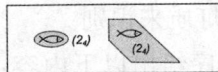

凡碍航物位置未被准确测定者，在图式旁加注"概位""PA"（position approximate）。

对位置有疑问者，应加注"疑位""PD"（position doubtful）。

对碍航物是否存在尚有疑问时，应加注"疑存""ED"（existence doubtful）。

未经测量，据报的航行障碍物，同样也加注"据报""Rep"。

（二）助航标志（navigational aids）

助航标志简称"航标"，它是为了船舶安全航行而设置的灯塔、灯桩、无线电信标和雷达航标等以及在水上设置的立标（灯立标）、浮标（灯浮）和灯船等的总称。它以其特定的形状、颜色、顶标、灯质、音响、无线电信号和编号等，供船舶定位、导航、避险以及其他特殊需要之用。

1. 灯标及其灯质

灯标有灯塔、灯桩、灯立标、灯船和灯浮等标志。

（1）灯标　在白天可以通过其形状、颜色、顶标等来加以区别，夜间则主要以灯质（light character）来相互区别。

灯塔（light-house）是一种大型的助航标志，其灯光的射程较远，有专人管理（图3-6）。

灯桩（light beacon）是一种结构比较简单，灯光射程较近的助航标志。

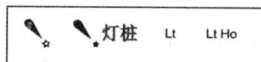

图3-6　灯　塔

灯立标是设置在岸边、岛屿或浅滩上的一种固定航标。

灯船（light-vessel）、灯浮是指水面上浮动的助航标志。

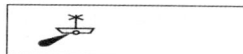

大型助航浮标（large automatic navigational buoy，LANBY）。

装有灯标的海上平台。

海图上灯塔、灯桩的位置在星形中心；立标、浮标和灯船的位置在其底边中心；无线电航标的位置在其圆心。

灯浮是以编号、形状、颜色、顶标及灯质相互区别的。白天以灯浮的编号、形状、颜色、顶标来识别；夜间以灯浮的灯质来识别。

灯塔、灯桩在大比例尺海图上，按下列顺序给出以下内容：灯光节奏、灯光颜色、周期、灯高、射程。

（2）灯质　灯质是指灯光的性质。它是以灯光亮灭的规律即节奏（rhythm）和灯光的颜色组成的。灯质的种类很多，最基本的有定光（fixed）、闪光（flashing）、明暗光（occulting）、互光（alternating）和莫尔斯灯光（MO）等，前四种灯质又可联合或组合成不同类型的灯质。灯质的海图标注的顺序：发光节奏、周期（s）、灯高（m）、射程（n mile）。不标颜色的发白光。

周期（period）即灯光亮灭或颜色交替，自开始到以同样次序重复出现时，所需之时间间隔。

雾号（fog signals）即雾警设备，是附设在航标上雾天发出音响的设备，如低音雾号（diaphone）、雾笛（siren）、雾钟（bell）、雾锣（gong）、莫尔斯雾号（morse）等。

光弧（sector）为船舶自海上看灯塔（灯桩）能够看到灯光的方向范围。光弧界限依顺时针方向记载，方位系指由海上视灯光的真方位。光弧中有不同颜色者，均应分别注明。

光弧灯（sector light）图式举例如下：

光弧灯，不同光色弧形各注相应注记。

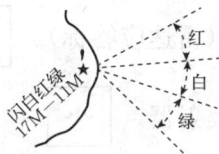

光弧灯与互（闪）光灯的区别如下。

光弧灯：在不同光弧范围内的船舶见到的是不同颜色的光，而在同一光弧范围内的船舶见到的是同一颜色的光。

互（闪）光灯：船舶见到的是不同颜色的光交替显示或闪光。例如：①Fl（2）RW 8 s；②AlFl（2）RW 8 s。

灯标的灯光，如白天和夜间性质不同时，将白天的灯光性质括注在夜间灯光性质的下方并在其后加注"昼""（by day）"字样。

在有雾时灯光性质发生改变，或仅在雾天显示的雾灯，应括注"雾""in fog"。

无人看守的灯可在其灯光性质之后括注"无""U"。

注记"临""temp"，表示临时的灯。

"熄""extingd"表示灯光已熄灭的灯。在灯光性质后括注"航空""Aero"的灯标，表示为航空导航而设置的航空灯。

2. 无线电航标及雷达

海图上对无线电信标、无线电定位系统台站、海岸雷达站和雷达航标均用紫红色圆圈标出，并注上相应缩写，如："环向"（"RC"）、"旋向"（"RW"）、"雷达"（"Ra"）、"雷达信标"（雷信"Ramark"）和"雷达应答器"（雷康"Racon"）等。

环向无线电信标。

定向无线电信标。

旋向无线电信标。

海岸雷达站。

雷达信标。

雷康（雷达应答标）。

雷达反射器。

三、其他图式

各种界限线（various limits），用以标示航道、浚深航道、分隔航道、海底电缆和管线、禁区、雷区、军事演习区和锚地等。

海上平台。

引航站。

已知最大吃水航道。
已知最大吃水推荐航道。

海底电缆。

无线电报告点。

锚位。

设定的通航流向（established direction of traffic flow）。

推荐的通航流向（recommended direction of traffic flow）。

导航线（导航灯）（leading line）：通过两个或两个以上目标构成的一条

直线，船只可安全地沿该线航行。　★-·--★--- 270°30′

叠标线，安全界线（transit，clearing line）：由前后标串视构成的一条直线，可用于导航、避险、转向、测速、罗经校正等。安全界线是标示安全区和危险区的分界线。　★-·--★--- 270°30′

限制区界限（如沿岸通航带，禁航区）　〔limit of restricted area (eg. inshore traffic lane area to be avoided)〕。

分道通航制界限（limit of routering measure）。

深水航路（安全水深 26 m）（deep water router）。　深水26 m（DW 26 m）

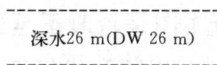

第二节　海图管理和使用

一、图注和说明

（一）海图标题栏（title legend）

海图的标题栏即该图的说明栏。一般制图和用图的重要说明均印在此栏内。主要有：出版单位的徽志、该图所属的地区、国家、海区和图名；绘图资料来源、投影性质、比例尺及其基准纬度、深度和高程的单位与起算面、有关图式的说明、地磁资料、国界和地理坐标的可信赖程度等。另外，标题栏内还可能有图区范围内的重要注意事项或警告（note and caution），如禁区、雷区、禁止抛锚区或有关航标的重要说明等。有时在海图标题栏附近还附有图区内的潮信表、潮流表、对景图、换算表和重要物标的地理坐标等。

在使用航用海图时，应首先阅读海图标题栏内的有关重要说明，特别是其中用洋红色印刷的重要图注。

（二）图廓注记（marginal notes）

1. 海图图号（chart number）

我国海图图号是按海图所属区域编号的，印在海图图廓的四个角上；英版海图图号按出版海图的时间先后编号，刊印在海图图廓外右下角和左上角。

图号前缀有"BA"，以区别英版系列海图与其他海图。

专用海图的图号，在普通海图图号前加相应的英文字母前缀表示。如

"L（××）"中"L"表示劳兰海图，"××"为普通海图图号。

2. 图幅（dimensions）

图幅尺寸是指海图内廓的尺寸。根据图幅可以检查海图图纸是否伸缩变形。

图幅印在图廓外右下角处，括号内给出以毫米（mm）为单位的图幅尺寸，拓制海图单位为英寸（in）。

3. 小改正（small correction）

印在图廓外左下角处。

海图根据航海通告改正后，均须在这里登记该通告的年份和号码，以备核查本图是否改正至最新通告。

4. 出版和发行情况（publication note）

印在图廓外下边中部，给出新图（new chart）出版和发行单位、日期，在它的右面同时还印有该图新版（new edition）和改版（large correction）日期。

从新版、改版日期可以判断图载资料的可信赖程度。

5. 邻接图号

印在图廓外。它给出与本图相邻海图的图号，以便换图时参考。

6. 对数图尺（logarithmical）

标在外廓图框上，左上方和右下方，用来速算航程（S）、航速（V）和航行时间（t）之间的关系。

二、海图管理

（1）海图存放的要求

① 海图存放处应保持干燥。海图一旦受潮后，应平压在玻璃板下阴干，以免变形。每张海图右下角均印有图幅尺寸，伸缩变形过大者不宜使用。

② 海图在柜内平放时，图号应保持在右下角，便于抽选。

③ 目前使用英版海图的数量较多，有的采用按图号顺序存放，有的则分区域或图夹存放。按图号顺序存放时，常用航线可抽出来单独存放；分区域存放时，每一区域中的海图要另编序号和目录，便于抽选和查找。

（2）建立海图卡片

（3）编制"本船航用海图图号表"

（4）建立"本船海图新版及作废登记簿"

（5）海图的配备与添置

① 配备与添置海图时，既要满足航行安全的需要，又要本着厉行节约的精神。

② 将本船预定航行区域的总图、航用海图及参考图配齐；配备港泊图时不仅要考虑船舶营运可能到达的港口，也要考虑避风锚地等因素。

③ 远洋船舶还应备有足够数量的空白定位图。

④ 海图送船后，应检查该图是否最新版，海图中的小改正是否改正到最近的有关通告，不合格的应予退回。

⑤ 新图及新版图添置或更新后，应设立或更换海图卡片。

⑥ 海图更新后，原"本船海图新版及作废登记簿"中的登记应予擦去，新图添置后，其图号应插入"本船航用海图图号表"及"本船海图新版及作废登记簿"中。

三、海图使用

1. 海图的可靠程度

（1）海图的适用性

① 将海图或海图卡片上注明的出版、新版或改版日期与最新版的《航海图书总目录》所载明的该海图相应的出版日期进行查对。

② 最新版海图要检查是否已改正到使用日期（corrected up to date）。

（2）海图的测量时间和资料的来源

（3）测深的详尽程度

（4）海图比例尺大小

（5）地貌精度与航标位置

2. 使用海图注意事项

① 开航前应按航次需要抽取航线上所需要海图，并逐张检查是否都已及时改正和擦干净。然后按航线使用先后顺序存放在海图桌的最上一只抽屉里。海图作业应保留到航次结束后方可擦去，并整理归还原处。如发生海事时，应及时封存海图，并保留到海事处理结束。

② 在拟定航线和进行海图作业时，应尽量选用现行版较大比例尺的海图。用图时，对图上航线附近的物标、地形、底质、危险物、航标以及海图标题栏中的重要说明和注意事项等，必须仔细地进行研究。

③ 要善于鉴别一张海图的可信赖程度。凡经过详细测量过的海图，图

上的水深点应该是较密集的，而且是有规律排列的，不应该在水面上存在很多的空白处。凡根据精测资料绘制的海图，其等深线、等高线和岸线都应该是用实线来描绘的，而不应该是用虚线画出。凡新出版的海图，其测量日期、出版日期以及再版日期都应该是最近期的，而不应该是过时的。

海图水面没有水深的空白处，并不表示在该处海中不存在航海危险物，仅仅说明该处没有经过详细测量。航行时应该把它作为航行危险区避开。

④ 海图也可能存在误差和不准确处，特别是资料陈旧的旧版海图，不应盲目相信。

⑤ 海图作业时应按《海图作业规则》的要求用软质铅笔轻画轻写，不用的线条和字迹应用软质橡皮轻轻擦净，擦后图上应不留痕迹。

第三节　电子海图

一、电子海图概述

（一）电子海图的发展过程

（1）纸质海图等同物、复制品　电子海图仅仅是把纸质海图经过数字化处理后存入计算机中，借助显示装置和标绘仪器，可以像在纸质海图上一样进行海图作业。

（2）功能开拓　这个阶段可划到 1986 年。在电子海图上显示船位、航线、航次计划设计，显示诸如船速、航向等船舶参数、搁浅、避碰等报警等。

（3）航行信息系统　其主要特征是将电子海图作为航行信息的核心，进行组合式、集成式的开发研究，使船舶航行自动化迈上了新的台阶。在这个阶段，人们从各处侧面开展了对电子海图的系统化、一体化研究开发与功能集成。包括电子海图数据库的完善，与雷达/ARPA、定位仪、计程仪、测深仪、全球定位系统（GPS）、船舶交通管理系统（VTS）等各种设备和系统的接口与组合等。

（二）电子海图的相关概念

1. 光栅式海图和矢量式海图

（1）光栅式海图（raster chart）　电子海图数据库的一种形式，是通过对纸质海图的一次性扫描，形成单一的数字信息文件。光栅海图可以看作是纸质海图的复制品，包含的信息（岸线、水深等）与纸质海图一一对应。可以定期改正，可以与定位传感器（如 GPS）接口，但使用者不能对光栅海图作询问式操作（如查询某一海图要素特征，或隐去某类海图要素）。因此称为光栅海图"非智能化电子海图"。英国航道测量局（UK HO）制作的光栅海图 ARCS 是光栅海图中比较有影响的一种。

（2）矢量式海图（vector chart）　电子海图数据库的另一种形式，为数字化的海图信息分类存储，因此可以查询任意图标的细节，海图要素分层显示，使用者可以根据需要选择不同层次的信息量，并能设置警戒区、危险区的自动报警，还可查询其他航海信息，矢量式海图被称为"智能化电子海图"。生产和提供矢量化海图数据库是 IMO 成员航道测量局的责任，但有些电子海图制造商也生产矢量海图数据库。

2. 电子导航海图（electronic navigational chart，ENC）

电子导航海图属于电子海图数据库。是指内容、结构和格式是标准化的（S—57），由官方授权发行的和电子海图显示信息系统（electronic chart display and information system，ECDIS）一起使用的数据库。ENC 包括安全航行需要的所有海图信息，也可包括纸质海图上没有包含的补充信息（如航路指南等），这些可被视为安全航行所需要的。

3. ECDIS（electronic chart display information system）

电子海图显示与信息系统是在数字化海图的基础上，将所有的助航设备信息综合集成处理并在一台或多台显示装置中显示，从而提高船舶航行安全，提高航行效率的一体化航行信息系统。

4. 系统电子导航海图（system electronic navigational chart，SENC）

系统电子导航海图，是指通过适当使用 ECDIS，从 ENC 转换，采用合理方式对 ENC 改正以及通过航海员加入其他数据而获得的数据库。该 SENC 也可以包括从其他数据源获得的信息。为实现显示生成和其他导航功能，ECDIS 实际上使用的是 SENC，该数据库等效于最新的纸质海图。

5. RCDS、ECS 和 ECDIS 海图显示界面

光栅海图显示系统（RCDS），只能显示光栅电子海图数据库。

电了海图系统（ECS），用来显示非官方的矢量电了海图或光栅电了海图数据库。

电子海图显示与信息系统（ECDIS），用来显示官方电子导航海图（ENC），ENC 是唯一合法的应用于 ECDIS 上的电子海图数据库，ENC 未能覆盖的海域应该用光栅式海图补充。

二、电子海图使用

1. 电子海图的优点

ECDIS 与纸质海图相比较具有下列主要特点：① 信息的选择显示；② 海图改正简单易行；③ 提供海图附加资料；④ 提高船舶驾驶自动化水平；⑤ 本质性地提高航行安全性。

2. 电子海图具有的功能

① 航线设计（route planning）；② 航路监视（route monitoring）；③ 异常情况的指示、预测和报警；④ 航行记录（voyage recording）。

三、电子海图信息改正

1. 电子海图的改正标准要求

① 应该不可能改变 ENC 的内容。

② 改正应和 ENC 分开储存。

③ ECDIS 应该能够接受官方按国际航道组织（IHO）标准提供的对 ENC 的改正。这些改正可以被自动地应用于 SENC。无论采用何种方式改正，执行过程不应该干扰使用中的显示。

④ ECDIS 也应该能够接受手动输入对 ENC 的改正，并在最后接收数据之前，用简单方法校对。显示中，手动输入改正应该区别于 ENC 信息和其官方改正，且不影响显示的清晰度。

⑤ ECDIS 应保存一份改正的记录，包括作用于 SENC 的时间。

⑥ ECDIS 应允许航海员显示改正，以便审核改正内容，并确认 SENC 中包括了这些改正。

2. 电子海图改正的途径

① 发布"修改通告"给航海员，由航海员手动改正。

② 将"电子修改通告"的磁盘或光盘提供给航海员，由航海员装入系统进行修改。

③ 修改的数据经无线电通信系统接入 ECDIS 进行修改。

四、电子海图显示与信息系统

（一）ECDIS 的基本组成

1. 硬件部分

ECDIS 是一个具有高性能的内、外部接口符合 S—52 标准要求的船用计算机系统。系统的中心是高速中央处理器和大容量的内部和外部存储器。外部存储器的容量应保证能够容纳整个 ENC、ENC 改正数据和 SENC。中央处理器、内存和显存容量应保证显示一幅电子海图所需时间不超过 5 s。

内部接口应包括图形卡、语音卡、硬盘和光盘控制卡等。以光盘或软盘为载体的 ENC 及其改正数据以及用于测试 ECDIS 性能的测试数据集可通过内部接口直接录入硬盘，船舶驾驶员在电子海图上所进行的一些手工标绘、注记以及电子海图的手工改正数据的输入等可通过键盘和游标实现。具有同喇叭相连接的语音卡，以实现语音报警。

图形显示器用于显示电子海图，其尺寸、颜色和分辨率应符合 IHO S—52 的最低要求，即有效画面最小尺寸应为 350 mm×270 mm，不少于 64 种颜色，像素尺寸小于 0.3 mm。在进行航路监视时显示海图的有效尺寸至少应为 270 mm×270 mm（IMO ECDIS 性能标准的要求）。文本显示器用于显示航行警告、航路指南、航标表等航海咨询信息，其尺寸应不小于 14 in，支持 24×80 字符显示。

利用打印机可实现电子海图和航行状态的硬拷贝，以便事后分析。可按 IMO 的要求记录航行数据。

外部接口一般是含有 CPU 的智能接口，保证从外部传感器接收信息（包括 GPS、LORAN—C、罗经、计程仪、风速风向仪、测深仪、AIS、雷达/ARPA、卫星船站、自动舵等设备的信息），并按照一定的调度策略向主机发送这些信息。通过船用通信设备（如 INMARSAT—C）不仅自动接收 ENC 的改正数据，实现电子海图的自动改正，而且还可接收其他诸如气象预报数据等。

2. 软件部分

计划航线设计软件：用于在电子海图上手工绘制和修改计划航线、计划航线可行性检查、经验（推荐）航线库的管理、航行计划列表的生成（每个航行段的距离、航速、航向、航行时间等）。

传感器接口软件：与 GPS、LORAN—C、罗经、计程仪、风速风向仪、测深仪、AIS、雷达/ARPA、卫星船站、自动舵等设备的接口软件以及从这些传感器所读取的信息的调度和综合处理软件。

航路监视软件：计算船舶偏离计划航线的距离、检测航行前方的危险物和浅水域、危险指示和报警等。

航行记录软件：记录船舶航行过程中所使用的海图的详细信息以及航行

要素，实现类似"黑匣子"的功能。

航海问题的求解软件：船位推算、恒向线和大圆航法计算、距离和方位计算、陆标定位计算、大地问题正反解计算、不同大地坐标系之间的换算、船舶避碰要素（CPA、TCPA）计算等。

（二）ECDIS 海图资料的显示

（1）SENC 信息显示

① ECDIS 可显示所有的 SENC 信息；② 计划航线和航路监视中显示的 SENC 再分为三类：底层、标准和其他；③ ECDIS 在任何时候，通过单一操作指令提供标准显示；④ 第一次显示时，应以显示范围内 SENC 图中有的最大比例尺提供标准显示；⑤ 容易在 ECDIS 中增、抹信息但不可抹去底层信息；⑥ 可选择安全等深线，并予强调显示（加亮）；⑦ 可选择安全水深点，系统应强调小于或等于安全水深的那些水深点；⑧ ENC 及对它的所有改正，应在没有减少其任何信息内容情况下显示出来；⑨ ECDIS 能够提供一种方法确保 ENC 及改正被正确装入 SENC；⑩ ENC 及改正应明显区别于其他显示的信息。

（2）显示比例尺

ECDIS 应提供下列情况指示：① 显示信息的比例尺大于 ENC 中的比例尺；② 显示本船位置的 ENC 比例尺大于 ENC 固有的比例尺。

（3）其他导航信息显示

其他导航信息包括雷达图像等与海图资料的叠加等。

（4）显示方式和相邻区域的产生

如一直能以"北向上"方式显示 SENC 信息，也允许其他方式（航向向上等）显示。使用真运动模式时，重新设置和相邻区域的产生，应在航海者确定的距显示边线一定距离的地方自动生成。

（5）颜色和符号

颜色不少于 64 种；符号包括：（孤立危险物通用标志）、（此处海域数据测量的精度非常高）和 （安全水域标志）等。

（三）有关 ECDIS 的标准

（1）IMO ECDIS 性能标准〔IMO Performance Standards for ECDIS（A. 817）Functions，Performance，Discrepancies〕

要把电子海图视为 ECDIS，它必须采用 1995 年 11 月 23 日 IMO 正式采纳并以 IMO 817（19）议案公布的 ECDIS 性能标准和 IMO 在 1996 年 11 月通过的（MSC/67/2-ADD.1），也就是现在性能标准中的附录六，即 ECDIS 备份协议。

（2）IHO 数字化海道测量数据传输标准［IHO Transfer Standard for Digital Hydrographic Date（S-57）Object Catalogue］和 ECDIS 海图内容和显示规范［IHO Presentation Rules（S-52）and Colour and Symbol Specification］

（3）国际电工委员会（IEC）测试标准［IEC Test Requirements for Type Approval（IEC 61174）］

(四) ECDIS 的发展趋势

目前 ECDIS 的性能标准、海图显示规范、数据标准、硬件设备标准均已确立，ECDIS 标准化问题已经解决，这为其合法化和实用化彻底铺平了道路，ECDIS 全面应用于海船驾驶的时代已经来临。今后要解决的关键问题是：要尽快建立覆盖全球的合法的 ENC 以及健全的海图改正服务网络；对已有 ECS 的软硬件进行改进，使其完全符合 ECDIS 各项标准的要求；扩充 ECDIS 的标准功能，使其具备智能化的特点；同高精度定位系统、雷达避碰系统、船舶通信系统、车舵控制系统等进行集成，实现信息的综合处理和显示；辅助制定操船决策，更大程度地保证船舶航行安全，同时可以控制船舶以最经济的方式航行在最优的航路上，从而提高航运效益。

第四章　航　　标

第一节　航标的作用与分类

航标（aids to navigation）是助航标志的简称。其主要作用是指示航道、供船舶定位、标示危险区锚地、禁航区、测量作业区、渔区等。航标除用以帮助船舶安全航行外，还具有防止污染、保护海洋环境的作用。航标按设置地点和技术装置分为两类。

一、按设置地点分类

按设置地点分为沿海航标、内河航标和船闸航标。

（一）沿海航标（coastal aids）

1. 固定航标

（1）灯塔　一般是设置在显著的海岸、岬角、重要航道附近的陆地或岛屿上以及港湾入口处。能发出特定灯光并且光力较强、射程较远。一般都有专人看管，可靠性好，海图上位置准确，是一种主要的航标。有的灯塔还附设有音响信号、雾号和无线电信号等。

（2）灯桩　一般设置在航道附近的岸边以及港口防波堤上。其顶部装有发光器，但灯光强度不及灯塔，一般无人看管。

（3）立标　一般设置在浅水区或礁石上。用以标示沙嘴尽头、浅滩及险礁的两端、水中礁石及航道中较小的障碍物。也有的设在岸上作为叠标或导标，用以引导船舶进出港口或测定船舶运动性能和罗经差等。

2. 水上标志

（1）灯船　一般设置在周围无显著陆标又不便建造灯塔的重要航道附近，以引导船舶进出港口、避险等。灯光射程亦较远，可靠性较好，有些灯船有人看管。一般船身涂红色，船体两侧有醒目的船名或编号，桅上悬挂黑球，供白天识别用。

（2）浮标　一般设置在海港和沿海航道以及水下危险物附近，用以标示航道，指示沉船、暗礁、浅滩等危险物的位置。其水线以上部分的基本形状主要有罐形、锥形、球形、柱形和杆形5种，一般不能用来定位。装有发光器的浮标称为灯浮标（light-buoy）。

（二）内河航标（inland river aids）

内河航标是设置在江河、湖泊、水库航道上的助航标志，用以标示内河航道的方向、界限与碍航物等，为船舶航行指示安全的航道。内河航标由航行标志、信号标志和专用标志组成。

（三）船闸航标（lockage aids）

船闸航标是设置在船闸河段上的航标，用以标示船闸内外的停船位置，指出进出船闸的引领航道和节制闸前的危险水域，指引船舶安全、迅速地通过船闸。

二、按技术装置分类

按技术装置分为发光航标、不发光航标、音响航标及无线电航标。

（1）发光的航标　灯塔、灯船、灯浮、灯桩等可统称为灯标，以所显示的特定的光色、节奏和周期的灯光作为标志识别的特征。目前我国灯标使用的光色有白、红、绿、黄。

（2）不发光的航标　立标、浮标等。

（3）音响航标　这种航标附设有雾警设备，其功能是在雾、雪及其他能见度不良天气时发出特定的音响，在能见度不良时用以导航用。

（4）无线电航标　无线电助航设施的总称，包括雷达反射器（radar reflector）、雷达指向标（Ramark）、雷达应答标（Racon）。

第二节　海上浮标制度

一、国际航标协会（IALA）海上浮标制度

（一）国际海区浮标制度概述

1957年国际航标协会（International Association of Lighthouse Authorities，IALA）成立，于1971年后形成A、B两个制度。

A制度：欧洲、澳大利亚、新西兰、非洲、海湾地区和一些亚洲国家使用。

B制度：美洲及日本、韩国、菲律宾等国家和地区使用。

（二）国际航标协会浮标制度规则

1. 范围

该制度的规则适用于所有固定和漂浮的标志（不包括灯塔、光弧灯标、导灯和导标、大型灯浮和灯船、大型助航浮标），用以指明：① 可航水道的中央线和边侧界限；② 天然危险物和其他障碍物，如沉船；③ 与航海人员有重要关系的其他水域或特征；④ 新危险物和有待规定的航行区域。

2. 标志的类型

分为侧面标志、方位标志、孤立危险物标志、安全水域标志和专用标志。

3. 标志的颜色

红、绿（侧面标）、黄（专用标）、黑黄（方位标）、黑红黑横纹（孤立危险物标）、红白竖纹（安全水域标）。

4. 标志的形状

标志形状分为罐形、锥形、球形、柱形和杆形 5 种。

5. 顶标

罐形、锥形、球形和 X 形。

6. 灯光

灯光光色分为红光、绿光、黄光和白光。

二、标志介绍

（一）侧面标志

1. 浮标走向

① 从海入港；② 由浮标管理当局（必要时与相邻国家协商）所确定的方向；③ 沿着环绕大片陆地的顺时针方向。

2. A 制度区域使用的侧面标志的说明

A 制度区域侧面标志如图 4-1 所示。A 制度区域推荐航道侧面标志如图 4-2 所示。

（1）左侧标

颜色：　　　　　　　　　　　红色

形状（浮标）：　　　　　　　圆筒形（罐形）、柱形或杆形

顶标（装有顶标时）：　　　　单个红色圆筒（罐）

发光器（装有发光器时）：

光色：　　　　　　　　　　　红光

光质：　　　　　　　　　　　除混联闪 2 次加 1 次［闪（2＋1）］外任选

PORT HAND 左侧标　　　　　　　　　　　STARBOARD HAND 右侧标

Colour：Red　　　　　　　　　　　　　Colour：Green
颜色：红　　　　　　　　　　　　　　颜色：绿
Shape：Can，pillar or spar　　　　　Shape：Conical，pillar or spar
型状：罐形、柱形、杆形　　　　　　型状：锥形、柱形、杆形
Topmark：Single red can　　　　　　Topmark：Single green cone point upward
顶标：单个罐状红色　　　　　　　　顶标：单个绿色锥形，尖端向上
Retroreflector：Red band or square　Retroreflector：Green band or triangle
反射器：红色带状或方形　　　　　　反射器：绿色带状或三角形

DIRECTION OF
BUOYAGE
浮筒走向

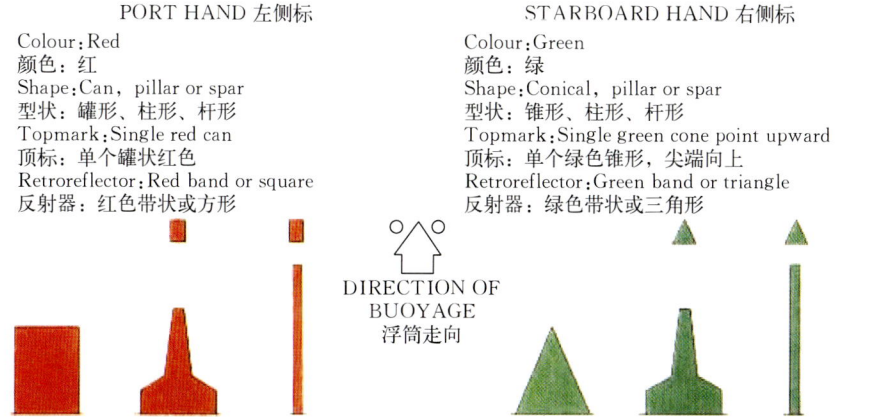

LIGHTS：when fitted，may have any rhythm other than composite group flashing (2+1) used on modified.Lateral marks indicating a preferred channel.Examples are：
灯光：当设置为灯光时，灯质可有除用于指示推荐航道侧标的组合联闪(2+1)外的其他闪光节奏，例如：

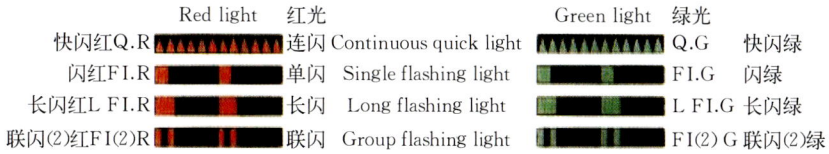

Red light　红光　　　　　　　　　　　Green light　绿光

快闪红Q.R		连闪 Continuous quick light		Q.G　快闪绿
闪红Fl.R		单闪 Single flashing light		Fl.G　闪绿
长闪红L Fl.R		长闪 Long flashing light		L Fl.G　长闪绿
联闪(2)红Fl(2)R		联闪 Group flashing light		Fl(2) G　联闪(2)绿

The lateral colours of red or green are frequently used for minor shore lights，such as those marking pierheads and the extremities of jetties
红绿侧标颜色频繁用于小型岸上灯光，诸如指示码头和实堤最远端

图 4-1　A 制度区域侧面标志

PREFERRED CHANNELS 推荐航道(主航道)

At the point where a channel divides，when proceeding in the conventional direction of buoyage，a preferred channel is indicated by a modified port or starboard Lateral mark as follows
在水道的分岔处，按浮标习惯走向航行时，可用下列修正的侧面标来指示推荐航道，船舶应将该标志置于本船同名侧通过

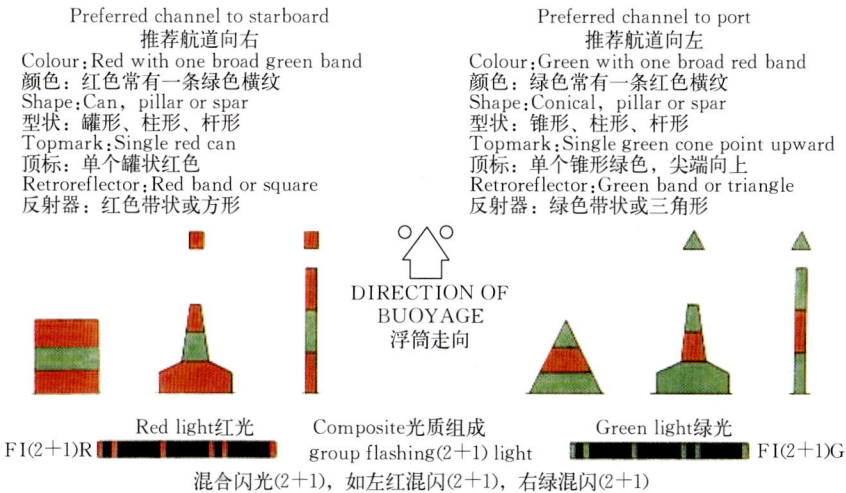

Preferred channel to starboard　　　　Preferred channel to port
推荐航道向右　　　　　　　　　　　推荐航道向左
Colour：Red with one broad green band　Colour：Green with one broad red band
颜色：红色常有一条绿色横纹　　　　颜色：绿色常有一条红色横纹
Shape：Can，pillar or spar　　　　　Shape：Conical，pillar or spar
型状：罐形、柱形、杆形　　　　　　型状：锥形、柱形、杆形
Topmark：Single red can　　　　　　Topmark：Single green cone point upward
顶标：单个罐状红色　　　　　　　　顶标：单个锥形绿色，尖端向上
Retroreflector：Red band or square　Retroreflector：Green band or triangle
反射器：红色带状或方形　　　　　　反射器：绿色带状或三角形

DIRECTION OF
BUOYAGE
浮筒走向

Red light红光　　　　　Composite光质组成　　　　Green light绿光
Fl(2+1)R　　　　　　　group flashing(2+1) light　　　　　　Fl(2+1)G
混合闪光(2+1)，如左红混闪(2+1)，右绿混闪(2+1)

图 4-2　A 制度区域推荐航道侧面标志

（2）右侧标

颜色：	绿色
形状（浮标）：	锥形、柱形或杆形
顶标（装有顶标时）：	单个绿色圆锥，锥尖向上
发光器（装有发光器时）：	
光色：	绿光
光质：	除混联闪 2 次加 1 次［闪（2+1）］外任选

（3）推荐航道左侧标

颜色：	红色，中间有一条宽阔的绿色横纹
形状（浮标）：	圆筒形（罐形）、柱形或杆形
顶标（装有顶标时）：	单个红色圆筒（罐）
发光器（装有发光器时）：	
光色：	红光
光质：	混联闪 2 次加 1 次［闪（2+1）］

（4）推荐航道右侧标

颜色：	绿色，中间有一条宽阔的红色横纹
形状（浮标）：	锥形、柱形或杆形
顶标（装有顶标时）：	单个绿色圆锥，锥尖向上
发光器（装有发光器时）：	
光色：	绿光
光质：	混联闪 2 次加 1 次［闪（2+1）］

3. B 制度区域使用的侧面标志的说明

A 地区和 B 地区的区别仅在于两种侧面标志的颜色、顶标的颜色、灯光颜色正好相反。

（二）方位标志

1. 方位象限和标志的定义

① 四个象限从碍航点取为界限的；② 方位标按其所在的象限确定名称；③ 方位标的名称，指明（船舶）应在该标命名的一侧通过。

2. 用途

① 指明某个区域内最深的水域在该标命名的一侧。

② 指明通过危险物时安全的一侧。

③ 引起对于航道中的特征的注意，如弯道、河流汇合处、分支点或浅滩两端等。

3. 说明

（1）北方位标

顶标：　　　　　　　　　　上下两个黑色圆锥，锥尖均向上

颜色：　　　　　　　　　　上黑下黄

形状：　　　　　　　　　　柱形或杆形

发光器（装有发光器时）：

光色：　　　　　　　　　　白光

光质：　　　　　　　　　　甚快闪［甚快］或快闪［快］

（2）东方位标

顶标：　　　　　　　　　　上下两个黑色圆锥，锥底相对

颜色：　　　　　　　　　　黑色，中间有一条宽阔的黄色横纹

形状：　　　　　　　　　　柱形或杆形

发光器（装有发光器时）：

光色：　　　　　　　　　　白光

光质：　　　　　　　　　　每 5 s 甚快闪 3 次［甚快（3）、5 s］

　　　　　　　　　　　　　或每 10 s 快闪 3 次［快（3）、10 s］

（3）南方位标

顶标：　　　　　　　　　　上下两个黑色圆锥，锥尖均向下

颜色：　　　　　　　　　　上黄下黑

形状：　　　　　　　　　　柱形或杆形

发光器（装有发光器时）：

光色：　　　　　　　　　　白光

光质：　　　　　　　　　　每 10 s 甚快闪 6 次后加长闪一次，［甚快

　　　　　　　　　　　　　（6）一长闪，10 s］或每 15 s 快闪 6 次后加

　　　　　　　　　　　　　长闪一次［快（6）＋长闪，15 s］

（4）西方位标

顶标：　　　　　　　　　　上下两个黑色圆锥，锥尖相对

颜色：　　　　　　　　　　黄色，中间有一条宽阔的黑色横纹

形状：　　　　　　　　　　柱形或杆形

发光器（装有发光器时）：

光色：   **白光**

光质：   **每 10 s 甚快闪 9 次［甚快（9）、10 s］或每**

                                    15 s 快闪 9 次［快（9），15 s］

两个圆锥的顶标要尽可能大些，两锥之间要清楚地间隔开来。

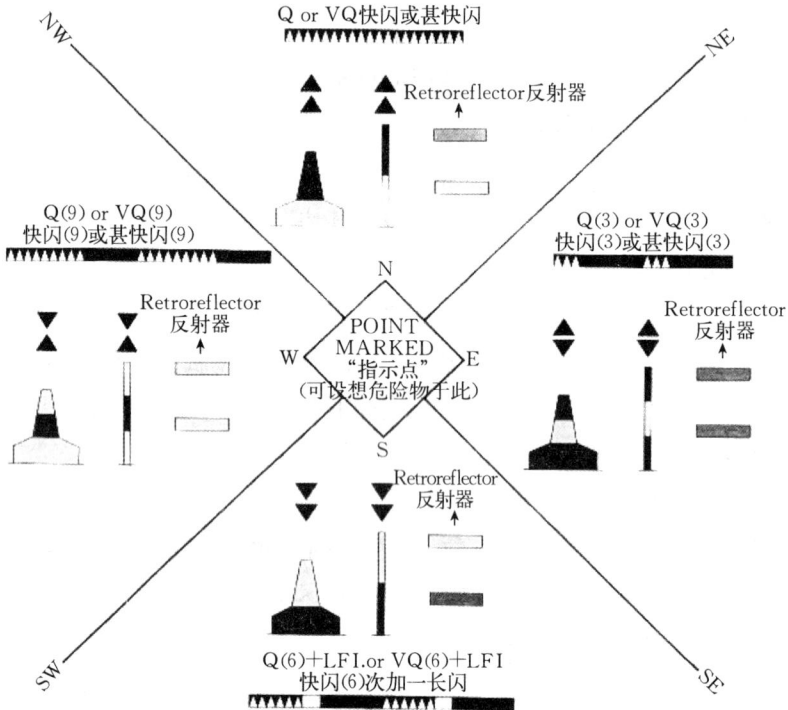

图 4-3 方位标志示意图（闪光次数可以和时种联系起来记忆）

（三）孤立危险物标志

1. 定义

孤立危险物标是设在孤立危险物上，或系泊在孤立危险物之上的标志，它的周围都有可航水域。

2. 说明

顶标：   上下两个黑球

颜色：   黑色，中间有一条或多条宽阔的红色横纹

形状：   任选，但不与侧面标志相抵触，使用柱形或杆形较好

发光器（装有发光器时）：

光色：   白光

光质： 联闪（2）［闪（2）］

两个球形的顶标要尽可能大些，两球之间要清楚地间隔开来。

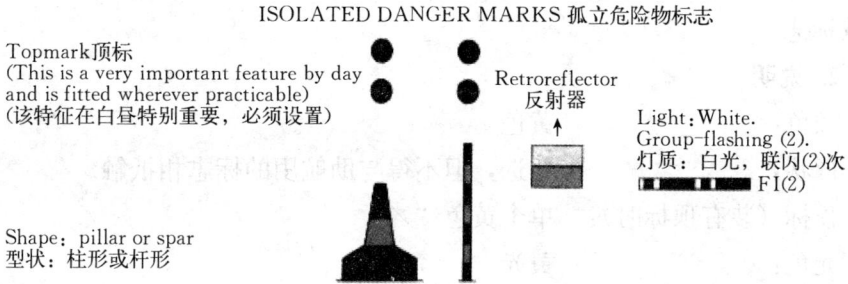

ISOLATED DANGER MARKS 孤立危险物标志

Topmark顶标
(This is a very important feature by day
and is fitted wherever practicable)
（该特征在白昼特别重要，必须设置）

Retroreflector
反射器

Light：White.
Group-flashing (2).
灯质：白光，联闪(2)次
Fl(2)

Shape：pillar or spar
型状：柱形或杆形

图 4-4 孤立危险物标志

（四）安全水域标志

1. 定义

用于指明在该标的四周都有可航水域；包括中线标志和航道中央标志。

2. 说明

颜色： 红白相间直纹

形状： 球形浮标或带有球形顶标的柱形或杆形浮标

顶标（装有顶标时）：单个红球

发光器（装有发光器时）：

光色： 白光

光质： 等间［等间］，明暗［明暗］或每 10 s 长闪 1 次

［长闪，10 s］或莫尔斯信号"A"［莫（A）］

SAFE WATER MARKS

Topmark顶标
(if the buoy is not spherical, this is a
very important feature by day and is
fitted wherever practicable)
（如果该标不是球形的，该特征
在白昼尤其重要，必须设置）
Shape；spherical, pillar or spar
型状：球形、柱形或杆形

Retroreflector
反射器

or

Light：White, Isophase, or Occulting,
or Long-flashing every 10 seconds, or
Morse code (A).
灯质：白光、等明暗或明暗光或每10
秒长闪或莫斯(A)
Iso
Oc
LFl.10s
Mo(A)

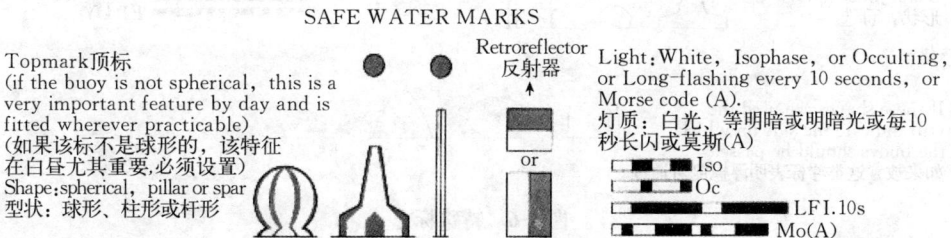

图 4-5 安全水域标志

（五）专用标志

1. 定义

专用标志主要不是为助航目的而设置的，但它指明在航海文件中提

到的特定区域或特征，例如：① 海洋资料探测系统（ODAS）标志；② 分道通航制标志（如使用常规航道标志可能引起混淆）；③ 弃土（淤泥）场地标志；④ 军事演习区域标志；⑤ 电缆或管道线标志；⑥ 娱乐区域标志。

2. 说明

颜色：	黄色
形状：	任选，但不得与助航用的标志相抵触。
顶标（装有顶标时）：	单个黄色"×"
光色：	黄光
光质：	除方位标志，孤立危险物标志和安全水域标志使用的白光光质外任选，但海洋资料探测系统标志的光质为联闪 5 次，周期 20 秒 ［闪（5）20 秒］

3. 外加的专用标志

专用标志是在航道内标注字母以指出其用途。

例如：在宽阔的河口航道中，正常的航道界线用红、绿侧面标标示，而深水航道的边界则用相应的侧面标志形状的黄色浮标或中心线用黄色球形浮标标示。

SPECIAL MARKS 专用(特殊)标志

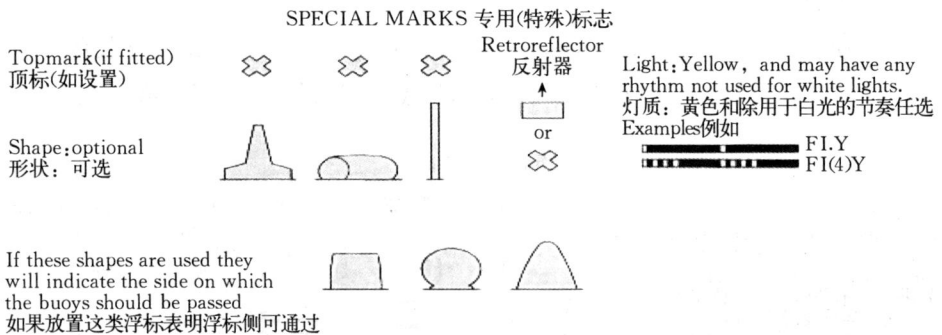

Topmark(if fitted)
顶标(如设置)

Retroreflector
反射器

Light：Yellow，and may have any rhythm not used for white lights.
灯质：黄色和除用于白光的节奏任选
Examples例如
Fl.Y
Fl(4)Y

Shape：optional
形状：可选

or

If these shapes are used they will indicate the side on which the buoys should be passed
如果放置这类浮标表明浮标侧可通过

图 4-6　特殊标志

（六）新危险物

1. 定义

用来描述新发现而尚未在航海文件中指明的障碍物。"新危险物"包括自然出现的障碍物如沙滩或礁石或人为的危险物如沉船。

2. 标示法

① "新危险物"应按照本规则来标示，如果主管部门认为这个危险特别严重，则其标志中至少有一个必须尽快地设置重复标志。

② 在任何用于这个目的的装灯标志，必须显示相应的方位标志的或侧面标志的甚快闪或快闪的灯光特征。

③ 任何重复标志在所有各方面都应该和它配对的标志相同。

④ "新危险物"可以装设雷达应答器来标示，发莫尔斯信号"D"，在雷达显示器上显示出一个 1 n mile 长度的信号。

⑤ 当主管部门确信有关新危险物的消息已经充分播告出去，则重复的标志可以撤除。

(七) 图例

图 4-7 为 A 制度区域灯浮样式。图 4-8 为 A 制度区域灯浮在海图上标示。

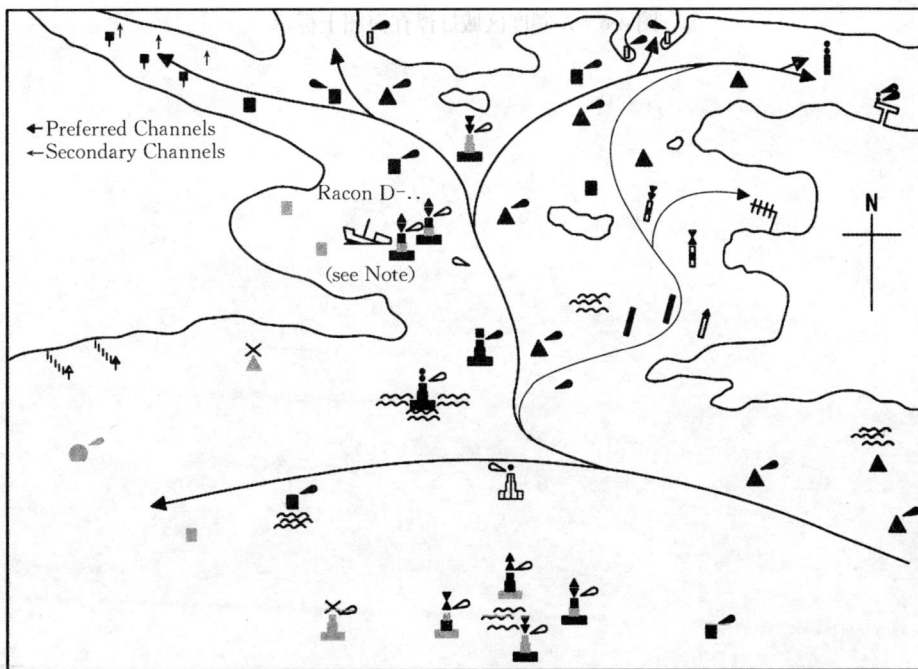

图 4-7　A 制度区域灯浮样式

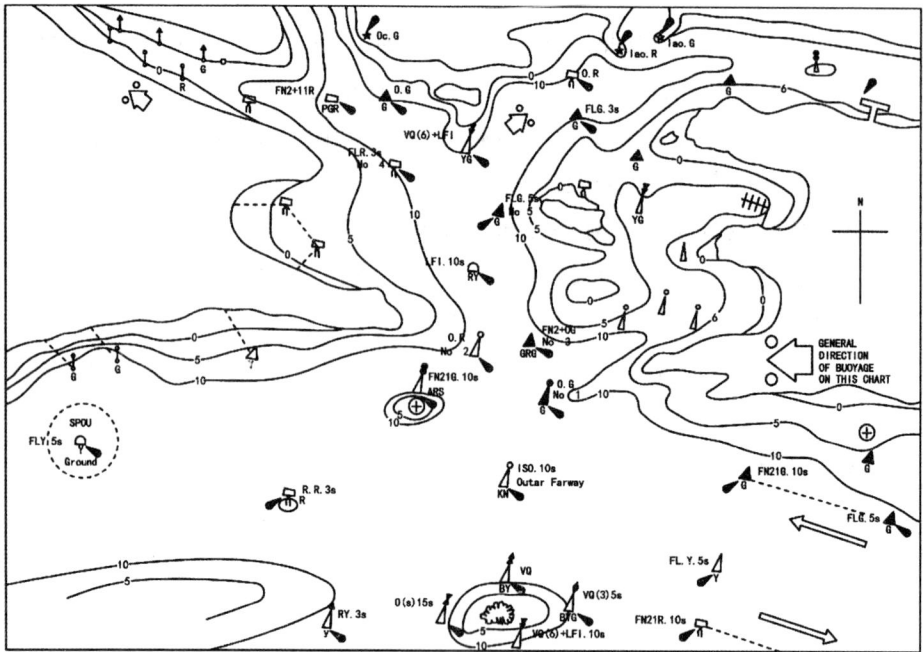

图 4-8   A 制度区域灯浮在海图上标示

第五章　航海图书资料

航海图书资料是船舶为保证航行安全必须配备的。根据《SOLAS 公约》规定，"所有船舶都应配备合适的、改正至最近期的海图、航路指南、灯标表、航海通告、潮汐表和其他必要的航海出版物。"配备充分、准确的航海图书资料也是世界各国进行港口国检查的重要内容。

第一节　航海资料目录

一、《海图及航海出版物目录》（catalogue of admiralty charts and publications）

英国海军水道测量局出版，书号为 NP131。每年重新修订和出版一次。涵盖该局出版的全部海图及图书以及重印的澳版、新西兰版、国际版海图。若印刷期间的资料有所变化，则以插页的形式进行更新。

二、航用海图（nautical charts）

① 英版海图分区界限索引图（limits of admiralty charts indexes）。该索引图以字母和数字标出各海区的编号，并把该编号作为本海区海图所在的页数，便于抽取本海区的海图。

② 世界大洋海图索引图 A（the world-general charts of the oceans）。

③ 航行计划图（planning charts）索引图 AA：抽选拟定航行计划的大洋或跨大洋的小比例尺海图。

④ 索引图 A1。

⑤ 索引图 A2。

⑥ 索引图 B W 为各分区海图索引图：用于抽选各分区的大中比例尺海图。

海图图号前标有"⊙"的，表明该图另有英版电子光盘海图。海图图号前标有"I"的，表明该图也属国际版海图。

三、辅助用图（thematic charts）

① 航路设计图（routing chart）。

② 定线指南（routing guides）。目前共有"航海员定线指南——英吉利海峡及北海南部""航海员定线指南——苏伊士湾—马六甲及新加坡海峡"三本。

③ 大圆海图（gnomonic charts）。

④ 空白海图（plotting diagrams & sheets）。

四、英版航海图书（navigational publications）

① 潮汐与潮流资料。

② 英版《航路指南》（书号为 NP1—73）及其分区界限索引图。

③ 英版《灯标与雾号表》（书号为 NP74—84）及其分区界限索引图。

④ 英版《无线电信号表》（书号为 NP281—288），见第六节相关内容。

⑤《里程表》，主要列出大西洋、印度洋、太平洋各港口及重要转向点之间的距离。

五、英版海图图号索引（numerical indexes）

根据此索引可以查出某一图号的海图在本目录上的页数，便于查找该海图的出版及新版日期等详细资料。其主要用途如下。

① 查阅海图代销商/分销商的有关资料；

② 查取可以获得英版《航海通告》的城市及机构；

③ 抽选航用海图；

④ 抽选本航次所用的航海图书；

⑤ 检验船存海图是否为最新版海图；

⑥ 检验船存航海资料是否为最新版。

第二节　世界大洋航路与航路设计图

一、《世界大洋航路》（ocean passages for the world）

1. 概述

① 由英国水道测量局出版，每隔 10 余年出版一次。书号为 NP136。

② 改正：定期出版补篇和周版《航海通告》第Ⅳ部分（到月末有效的刊在月末期，到年底有效的重印在《年度摘要》中）。

③ 有关新版及作废情况见英版《航海通告》Ⅱ部分。现行版及最新补篇的卷别编号可查阅季末期和《累积表》或英版《海图及航海出版物目录》后的"海图图号索引"。

④ 提供的推荐航线是根据多年统计的气象、水文条件拟定的一种气候航线。供航速在 15 kn 以下中等吃水（吃水在 12 m 以下）的船舶拟定大洋航线时参考。

2. 主要内容

《世界大洋航路》共由两部分组成。第一部分为机动船航线，由第 1～7 章组成。第二部分为帆船航线（sailing route），由第 8～10 章组成。

① 第 1 章为航线设计，包括：世界大洋航线（ocean passages for the world）、海图及航海出版物（charts & publications）、自然条件的概述（nature conditions）、航线设计（planning a passages）、附加注意事项（additional consideration）。

② 第 2～7 章分区介绍各区的风及天气（wind & weather）、涌（swell）、洋流（current）、冰（ice）、注意事项（notes & cautions）及各主要航路之间的推荐航线及航程。

该书还印有图表、地名一览表和索引图（tables, gazetteer & index），详述如下。

① 英版《航路指南》各卷分区界限索引图。

② 航路设计图及分区界限索引图。

③ 大圆海图索引图。

④ 流花与世界主要表层洋流分布图。

⑤ 波高图。

⑥ 世界气候图。

⑦ 载重线区域界限图和世界主要帆船航线插图。

⑧ 蒲氏风级表。

⑨ 西太平洋和印度洋季节风/季风表及热带风暴表。

⑩ 地名一览表（gazetteer）：在该表中按字母顺序列出主要地名及其经纬度，已作废的名称列在新名称后的括号内，位置中带有"＊"号者，表明该地为始发港或目的港。

⑪ 总标题与航路索引（index to general subjects and routes）：按字母顺序列出有关标题和始发港名，在每一始发港名下也按字母顺序列出目的港名，其后是该航线资料所在的章节编号。

3. 使用说明

① 除非参阅最新版补篇和周版《航海通告》的第Ⅳ部分，否则不应使用该书。

② 在使用本书时，应结合适当的海图和参阅有关的《航路指南》《灯标表》《潮汐表》《无线电信号表》《里程表》《航海通告》《航海通告年度摘要》《航海员手册》及 5011 海图。

③ 其上所载的地理位置，参阅最大比例尺的英版海图，名称来自最权威的当局。

④ 本书中所引用的时间用四位数表示，采用当地标准时间。

4. 推荐航线的查阅方法

① 首先阅读本卷的有关使用说明，了解使用的注意事项。

② 根据出发港和目的港，参考大洋航路图，了解推荐航线的大概情况以及途经哪些重要的地方和航区。

③ 阅读第 1 章和本航线涉及的各章节的水文气象资料以及世界气候图和表层洋流分布图，从而了解未来航区内的水文气象条件和航行注意事项。

④ 根据出发港和目的港名称的字母顺序，在书末的"总标题与航路索引"中查该航线资料所在的章节。

二、航路设计图（routing charts）

1. 概述

共分为北大西洋、南大西洋、印度洋、北太平洋、南太平洋 5 个海区，每个海区每月 1 张，计 60 张。其图号分别为 5124（1）—（12）、5125（1）—（12）、5126（1）—（12）、5127（1）—（12）、5128（1）—（12），各图的比例尺均为 1∶13 880 000。有关各设计图的分区界限可查阅英版《世界大洋航路》或英版《海图及航海出版物目录》。

该海图的投影性质为墨卡托投影。推荐航线为气候航线。它是拟定大洋航线的主要参考资料。可与英版《世界大洋航路》配合使用。

2. 主要内容

① 推荐航线和里程（shipping route），连接港口间或大圆航线终点间的

黑线为推荐航线，其上还给出了以 n mile 为单位的航程，曲线为大圆航线，直线为恒向线航线。

② 洋流（current），用绿色箭头表示该月及前后一个月内的表层洋流流向，并以不同形状的箭头表示该方向上的洋流的稳定度，其后的数字表示洋流的流速。例如：

⟹表示该方向上表层洋流在本月及其前后各一个月的 3 个月内的稳定度为 $75\%\sim100\%$。

⟶表示该方向上表层洋流在本月及其前后各一个月的 3 个月内的稳定度为 $51\%\sim74\%$。

┉⟶表示该方向上表层洋流在本月及其前后各一个月的 3 个月内的稳定度为 $25\%\sim50\%$。

┄⟶表示该方向上表层洋流的观测资料不足。

③ 风花（wind roses），用红色圆圈和许多不同形状的红色箭头组成风花。箭头的长度表示该方向上的风出现的百分率。箭头的方向为风向。箭杆的形状不同，表示风级不同。风花中间有三个数字，最上面的数字表示多年来在该月份对该地区风的总的观测次数；中间数字表示不定风占全部观测次数的百分率；最下面的数字表示无风的百分率。

④ 冰区界限（maximum limits of pack ice）。

⑤ 国际载重线区域界限（limits of load line zone）。

⑥ 四个附图：平均气温气压图；雾与低能见度图；露点温度与平均海水温度图；大风频率与热带风暴路径图。

第三节　《航路指南》

《航路指南》（pilots or sailing directions）是重要的航海参考资料，它提供了在海图上没有的，但与航行安全密切相关的资料，是拟定近海航线的重要参考资料。

1. 概述

① 由英国海军水道测量局出版，书号为 NP1—73，共 70 余卷。有关各卷的分区界限可查阅英版《海图及航海出版物目录》中的第四部分。

② 大部分英版《航路指南》每隔 2～3 年出版一次（不出补篇），另有少部分每隔 10 余年出版一次，出补篇。

③ 现行版见《海图及航海出版物目录》、季末期周版《航海通告》和《航海通告累积表》。

④ 改正：见英版周版《航海通告》第Ⅳ部分（月末期的针对《航路指南》改正的"通告一览表"及英版《航海通告年度摘要》第三部分"至本年度1月1号前仍有效的针对《航路指南》改正的通告部分"予以重印）。与《航路指南》改正有关的临时性和预告性通告其目录在每月末期的 ANM 中汇编。每隔10余年出版一次，仍需依靠每隔1.5～2年出版一次的《补篇》来改正。补篇发行的消息可见英版《航海通告》的第Ⅱ部分，该补篇汇集了自该卷《航路指南》出版以来的所有永久性改正。

改正资料的使用具体如下。

根据英版《航海通告》的第Ⅳ部分，查取针对英版《航路指南》的改正资料。

把有关资料按卷别装订成册，最新资料在最上面，便于查阅。

根据改正资料中提到的卷名、卷别及改正页数，在相应的《航路指南》中找到应改正的部分。

在该部分中用铅笔加注"C/NM××"，表明该资料已由第××期通告予以改正。

对于来自补篇的改正资料，可在改正内容附近加注"C/S××"，表示该资料已由第××期补篇予以改正。

2. 主要内容

① 英版《航路指南》每卷的第1章都有三个内容：航行与规则（navigation and regulation）；国家与港口（country and port）；自然条件（nature condition）。

② 第2章及以后各章分区顺岸介绍有关的航海资料。

③ 各卷还有一些附录、对景图及索引等，其中地理索引是按字母顺序排列，读者在查阅时可以以地区名称的字母顺序查得该地区的内容所在的页数，便于阅读。

3. 使用说明

① 英版《航路指南》主要供长度在12 m或以上的船舶使用。它详细记载了海图上载有的细节及在海图或其他出版物上所没有的，但对航行安全所必需的航海资料。它应与所引用的海图结合使用。

② 必须参阅的有关资料有：《航海员手册》《世界大洋航路》《灯标与雾号表》《无线电信号表》《航海通告年度摘要》《国际信号规则》等。

4. 查阅方法

① 根据英版《海图及航海出版物目录》第四部分中的有关索引，抽选必要的英版《航路指南》。

② 阅读该卷《航路指南》的第 1 章，掌握本卷《航路指南》所述地区的总的情况。

③ 根据该地区的字母名称查书末的地理索引，即可知道有关资料所在的页数。

第四节 《进港指南》

1. 概述

《进港指南》（guide to port entry）由英国航运指南有限公司出版并发行，每两年再版一次。由两本组成。第一本是以国名的首字母为 A～K 的各国港口资料组成；第二本是以国名的首字母为 L～Y 的各国港口资料组成。

2. 主要内容

① 正文（text）。以国名首字母顺序编排，各国又按港口名称首字母顺序列出。

② 港口平面图。

③ 索引。共分三栏。第一栏为按字母顺序排列的港口名称，第二栏为港口资料正文所在的页数，第三栏为港口平面图所在的页数。

3. 使用说明

① 警告性说明（warning notice）。它指出"该书只是作为一个指南，它并不能保证完全准确，最后的责任属于船长。使用时应注意参阅已改正的海图、航海通告及由权威的当局发布的航行通告、警告或更正"，"用于一般性指导的插图不得用于航行"。

② 重要说明（important notice）。它指出"本指南的以前版本载有一些较旧的船长报告和在其他出版物及指南中已出现的航海信息已在本版中取消，因此，航海者可以保留以前的版本供进一步参考"。

4. 查阅方法

① 根据港口所在国家的名称首字母确定查阅的卷别。

② 根据港口名称在该卷后面的"索引"（index）部分中查出该港口资料及平面图所在的页数。

③ 由相关的页数即可阅读有关资料。

第五节 《灯标与雾号表》

1. 概述

简称英版《灯标表》，由英国海军水道测量局出版，本书共有 A、B、C、D、E、F、G、H、J、K、L 共 11 卷，有关各卷的分区界限可查阅英版《海图及航海出版物目录》第四部分中的有关索引图或各卷《灯标表》的封底。它详细记载了全世界各种灯塔、灯桩及灯高在 8 m 或以上的重要灯浮及雾号资料，高度在 8 m 以下的灯浮资料偶尔也记录在内。

① 各卷《灯标表》的再版时间间隔不定，为 1 年左右，具体时间需查阅各卷前面的注释部分。有关各卷的出版消息需查阅英版《航海通告》的第 Ⅱ 部分或季末期《航海通告》中的"新版航海图书一览表"。

② 改正：各卷《灯标表》按照英版《航海通告》的第 Ⅴ 部分进行改正。新购入的《灯标表》的改正开始日期应查阅各卷的封二，根据改正资料上所注明的卷别和编号，正确分卷。将改正资料剪成细长的贴条，并将贴条按编号顺序粘贴在相应的编号上，各栏对齐，且不要贴死原资料，保留原资料可见。改正完毕后，在封里的改正登记表（notation of amendments）中作好登记。

2. 主要内容

① 地理能见距离表（geographical range table）。用 e 和 H 作引数查取 D^0。

② 照距图或光达距离图（luminous range diagrams）。有关使用特定光力射程作为灯塔射程的国家可查阅"本卷的特别说明"（special remark）部分。查图引数：顶边的额定光力射程、底边的光力强度、左边的相应能见度下的光力射程。

③ 英版《灯标与雾号表》中所使用的缩写，如 ec 灭，Vis 可见等。

④ 对灯标的解释。

⑤ 对灯标的定义（nomenclature of light）。

⑥ 对雾号（fog signal）的说明。

⑦ 灯质的说明及图示（light characters）。

⑧ 外语词汇表（glossary of foreign terms）。

3. 使用说明

《灯标表》所包含资料的解释如下（如图 5-1 所示）。

1810	Kayu Ara	0 49·8 104 56·2	FI W 4s	35 ..	..		(P) 1998
1812	Pulau Bintan.Tg Berakit	1 13·2 104 34·5	FI(2)W 10s	68 13	White metal framework tower 32		fl 1·5 ec 2. fl 1·5 ec 5. Vis085°-341°(256°)
1820	Horsburgh;Peura branca. Summit (S)	1 19·8 104 24·3	FI W 10s	31 20	White round tower.black bands 29		fl 0·7 Ra refl.Racon
1821	Ramunia Shoals. Tompok Utara. (Rumenia Shoal)	1 27·8 104 27·0	FI(3)W 15s	25 16	White round GRP tower on piled platform		
1822	Pulau Mungging	1 21·7 104 17·8	FI W 3s	24 15	White metal framework tower 8		fl 0·3 Racon.TR 1999

图 5-1　《灯标表》示意图

第一栏：灯标编号（number）。

第二栏：灯标的名称位置。地名为大写，灯标射程等于或大于 15 n mile 者，其内容用黑体字印刷；射程小于 15 n mile 者，其内容用正体字印刷，灯船用大写斜体字印刷。

第三栏：经纬度（latitude & longitude）。

第四栏：灯质与灯光强度。

第五栏：灯高。

第六栏：以 n mile 为单位的射程。射程等于或大于 15 n mile 者，用黑体字印刷；射程小于 15 n mile 者，其内容用正体字印刷。

第七栏：灯标结构及塔（标）高。

第八栏：备注。

4. 查阅方法

书后有一个"索引表"（index），由两栏组成，一栏为灯标名称，按名称的英文字母顺序排列，一栏为灯标的编号。根据灯标的名称，查后面的索引，得到灯标的编号，根据编号便可查阅灯标的有关资料。

第六节　英版《无线电信号表》

1. 概述

英版《无线电信号表》（admiralty list of radio signals，ALRS）共 6 卷

12 册，每年的卷数及册数都发生变化。英版《无线电信号表》每年出版一次。出版消息见英版《航海通告》的第Ⅱ部分

现行版见季末期《航海通告》或《航海通告累积表》中的"现行版航海图书一览表"（current hydrographic publications）或《海图及航海出版物目录》。

改正：根据英版《航海通告》的第Ⅵ部分进行改正。每卷《无线电信号表》的改正起始时间应查阅封一的"本卷改正指南"（direction for updating this volume）。改正资料每季度在英版《航海通告》的第Ⅵ部分累积出版一次。改正完成后应在登记表中进行登记。

2. 各卷内容

第一卷（Volume 1）：海岸无线电台［coast radio stations，NP281（parts 1，2）］。第 1 册覆盖欧洲、非洲和亚洲（不含菲律宾群岛和印度尼西亚）。第 2 册覆盖菲律宾群岛和印度尼西亚、澳大利亚、美洲大陆、格陵兰和冰岛。

第二卷（Volume 2）：无线电助航标志，卫星导航系统，电子定位系统和无线电时号（radio navigational aids，satellite navigation systems，electronic position fixing systems and radio time signals，NP282）。分章节详述。

第三卷（Volume 3）：航海安全信息服务［maritime safety information services，NP283（parts1，2）］。第 1 册覆盖欧洲、非洲和亚洲（不含菲律宾群岛和印度尼西亚）；第 2 册覆盖菲律宾群岛和印度尼西亚、澳大利亚、美洲大陆、格陵兰和冰岛。

第四卷（Volume 4）：气象观测站（meteorological observation stations NP284）。

第五卷（Volume 5）：全球海上遇险与安全系统（global maritime distress and safety system，GMDSS NP285）。

第六卷（Volume 6）：引航服务、船舶交通服务和港口作业［pilot services，vessel traffic and port operations，NP286（parts1，2，3，4，5）］。第 1 册覆盖英格兰、爱尔兰和英吉利海峡；第 2 册覆盖除英格兰、爱尔兰、英吉利海峡及地中海以外的欧洲地区；第 3 册覆盖地中海及非洲地区（包括波斯湾）；第 4 册覆盖亚洲及西太平洋地区（包括澳大利亚）；第 5 册覆盖美洲及南极洲地区。分章节详述。

3. 第二卷主要内容

① 无线电信标和无线电测向站。

② 雷达航标（包括雷达应答器和雷达信标）。

③ 标准时。

④ 法定时。

⑤ 无线电时号。

⑥ 电子定位系统。

⑦ 索引图：能发射无线电时号的无线电台呼号索引、发射无线电时号的电台索引、无线电信标和具有 QTG 业务的台站莫尔斯识别信号索引、无线电信标索引、雷达航标索引。

4. 第六卷主要内容

① 引航服务、船舶交管服务和港口作业。

② 正文。

③ IMO 标准船舶报告制度表。

④ 索引：在书中末尾按港口的字母顺序编制。共两栏，一栏为港口名称，另一栏为港口所在的页数。

5. 查阅方法

先根据港口所在的地区确定所使用的卷别，然后根据港口名称查"港口索引"，得港口资料所在的页数。根据该页数查正文部分，可了解有关细节。

第七节　其他资料

一、《航海员手册》（the marine's handbook）

由英国海军水道测量局不定期出版，书号为 NP100。《航海员手册》的出版信息需查阅英版《航海通告》的第Ⅱ部分或英版《航海通告累积表》的"当前的航海出版物一览表"部分。

该书介绍了有关与航海安全有关的知识。

《航海员手册》主要根据不定期出版的补篇和英版周版《航海通告》的第Ⅳ部分进行改正。

特别说明："在没有参阅最新补篇及航海通告第Ⅳ部分的情况下，不能使用本书。"

《航海员手册》的查阅方法有两种，一种方法是根据所要查找的信息所属的种类直接查找本书的目录，即可知道信息所在的章节及页数。另一种方法是根据信息的字母顺序和信息所属的种类，查找本书后面的"索引"，即可知道信息所在的章节，再根据章节查找信息所在的页数。

二、里程表

《中国沿海航行里程表》和《世界主要港口里程表》均由我国海军航保部出版。书号分别为 B108 和 B114。

第八节　英版航海通告及海图改正

一、英版《航海通告》（admiralty notices to mariners）

1. 概述

由英国海军水道测量局每周一版，全年共 52 期。同时出版每半年期的《航海通告累积表》和年度期的《航海通告年度摘要》。

英版《航海通告》的代发港口和机构，可以从英版《海图及航海出版物目录》中"航海通告的获得"部分中查得，也可以从英版《航海通告年度摘要》的第 14 号"航海通告的获得"中查得。

2. 主要内容

（1）注释　第Ⅱ部分的索引（explanatory notes。Indexes to section Ⅱ）

① 临时性通告和预告（temporary and preliminary notices）在通告号后加注（T）和（P）及发表年份。该部分内容采用单面印刷，便于装订。另外，在每月末期通告中还出版"至今仍有效的临时性通告和预告一览表"。应注意：海图在售出前并未针对临时性通告和预告进行改正及临时性通告和预告的改正应用铅笔进行等。

② 原始资料（original information）。通告号附近注"＊"者，表示该资料来源于原始资料。

③ 航路指南（sailing directions）。通告的第Ⅳ部分是针对《航路指南》（包括《世界大洋航路》）的改正资料。在《航海通告年度摘要》中对在每年年底仍有效的通告进行重印。另外，在每月末期的通告中还印有"仍有效的改正资料一览表"，并建议"不要把改正资料贴入原书中"。

④ "地理索引"（geographical index）共分两栏。一栏列有各通告所涉及的国家和地区名称，另一栏列有各地区的通告所在的页数。航海通告的编号以"地理索引"中地区编号的顺序编排。

⑤ "航海通告与海图夹号索引"（index of notices and chart folios）分三

栏，列有航海通告的编号、通告所在的页数及应改正海图的图夹编号。

⑥"关系海图索引"（index of chart affected）分两栏，列有该期《航海通告》中所有针对海图改正的航海通告编号及其所有改正的海图图号。

（2）航海通告 海图的改正（notices to mariners, update to standard navigational chart）

注 1：在每月末期的航海通告中，还刊有下列内容：

①"临时性通告和预告汇编"，将至今仍有效的临时性通告和预告按 26 个地区进行汇编。

②"针对航路指南改正通告的汇编"。

注 2：季末期：现行航海图书一览表。

（3）无线电航海警告的重印（reprints of radio navigational warnings） 无线电航海警告属临时性质，但某些警告的有效期可长达数月甚至数年。"无线电航海警告的重印"共有两部分：第一部分是至今仍有效的无线电航海警告的发布年份及通告编号的重印。第二部分是最近发布的无线电航海警告编号及正文内容和重印。

① 全球性或远距离航海警告（long range navigational warnings），主要由 NAVAREA 系统发布。该系统共有 16 个区域，每个区域内各有一个主管国，负责发布该区域内的无线电航海警告。该系统还包括美国的 HYDROL-ANT 和 HYDROPAC 两个大区的警告。有关该系统的概述可见《航海通告年度摘要》的第 13 号通告。

② 沿岸性警告（coastal warnings），由警告发布国发布，对全球性警告的补充。

③ 地区性警告（local warnings）：由海岸警卫队、港口或引航当局发布，对沿岸性警告的补充。

（4）对航路指南的改正（amendments to sailing directions） 在月末期《航海通告》中还列有改正资料一览表，在该表中注有英版《航路指南》的 NP 编号、改正资料应改正的页数、卷名及发布改正信息的《航海通告》的期号。

（5）对英版《灯标表》的改正（amendments to admiralty lists of lights and fog signals）

（6）对英版《无线电信号表》的改正（amendments to admiralty lists of radio signals）

二、《航海通告年度摘要》（annual summary of admiralty notices to mariners）

每年出版一次，一般主要有以下内容：

① 年度通告（annual notices）。

② 临时性通告和预告进行汇编（按 26 个地区编排）。

③ 对与航路指南改正有关的资料汇编。

注：《航海通告年度摘要》是对周版《航海通告》的重要补充。具有航海资料性质（须有通告来改正），又具有航海通告性质（可改正图书资料）。

三、《航海通告累积表》（the accumulative list of notices to mariners）

书号为 NP234A/B，每年在 1 月和 7 月各出版一次。载有所有现行版英版、重印澳版、重印新西兰版及国际版海图。主要内容如下。

① 所有永久性通告索引。

第一栏：海图顺序号（英、澳、新、国际版）。

第二栏：海图最新版日期。

第三栏：航海通告列表栏，按先后顺序列出与第一栏所示海图有关的近两年内的永久性通告的编号。

② "现行的航海出版物"（current hydrographic publications）目录。

第九节　时间在航海中的应用

一、航行于不同时区间的拨钟

当船舶向东航行进入相邻时区，区时应加 1 h；

当船舶向西航行进入相邻时区，区时应减 1 h。

二、日界线及航经日界线的日期调整

（1）日界线（date line）　180°经度线为地理日期变更线（日界线）。

行政区域日界线（国际日期变更线，即实际日界线），把同一群岛或行政区划在同一时区内。

(2) 东、西12区的区时 完全相同，但日期相差1天。东12区比西12区的日期大1天。因此，船舶向东航行穿过180°经度线，由东12区进入西12区，日期应减去1天（－24小时）；反之，应增加1天（＋24小时）。即向东过日界线，日期减1天；向西过日界线，日期加1天。

不同时区时间变化如图5-2所示。

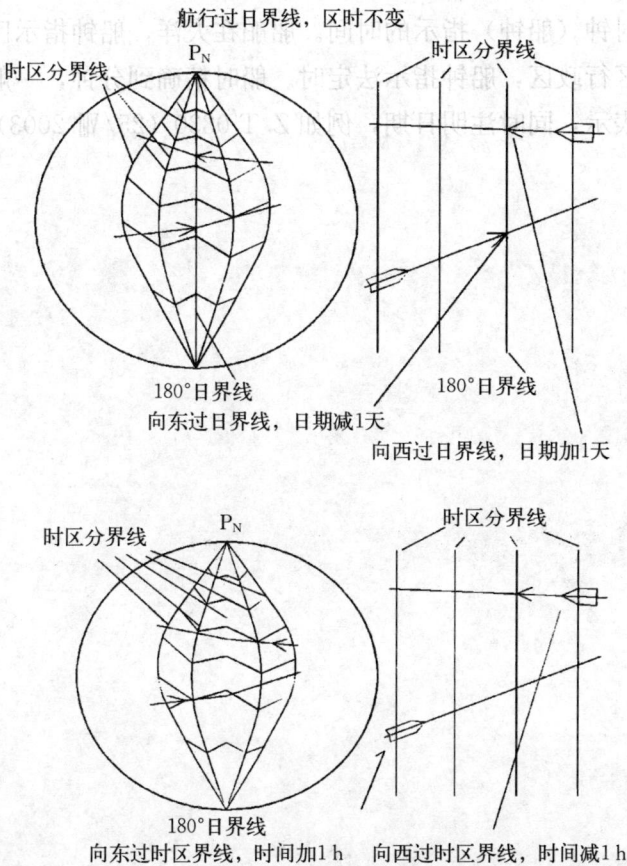

图5-2 不同时区变化图

三、法定时

(1) 标准时（standard time） 是由国家或地区的政府以法律规定的某一经度线的地方平时作为本国或本地区的统一时间，即标准时。

(2) 日光节约时（day light saving time） 或称夏令时（summer time），在夏季为了节约照明用电等原因，在法律上规定将本国的标准时提前1 h或

0.5 h。夏季过后又恢复原来的标准时。

（3）法定时（legal time）资料的查取　可以查阅英版《无线电信号表》（Admiralty List of Radio Signals）的第 2 卷（Vol. 2）的法定时（legal time）部分。

四、船时（ship's time，Z. T'）

船上的时钟（船钟）指示的时间。船舶在大洋，船钟指示区时；船舶进入国家或地区行政区，船钟指示法定时。船时精确到分钟，一般用小时和分钟的 4 位数表示，同时注明日期，例如 Z. T'0830（25/Ⅷ 2003）。

第六章 英版潮汐表及其应用

第一节 英版潮汐表

一、《潮汐表》概述

英版《潮汐表》共 4 册。书号为 NP201，NP202，NP203，NP204。每年出版，包括世界各主要港口的潮汐预报。

各卷范围如下。

第 1 册：英国和爱尔兰（包括欧洲水道各港）。

第 2 册：欧洲（不包括英国和爱尔兰）、地中海和大西洋。

第 3 册：印度洋和中国南海（包括潮流表）。

第 4 册：太平洋（包括潮流表）。

各册《潮汐表》所包括的海区界限，可查看英版《潮汐表》内潮汐表界限图。

二、各册主要内容

各册《潮汐表》的主表内容基本相同。

(1) 第 1 部分　主港每日潮汐预报（daily tide tables for standard ports）。预报主港每日高、低潮时和潮高［第 1 册单位：米（m）和英尺（ft），第 2 册和第 3 册单位：米（m）］。各港潮时均采用当地标准时，并于每页左上角注明。例：Time Zone—0100，表示该港表列潮时为东 1 时区的区时，该区时亦为当地的标准时。如船用时与表列区时不符，则应注意换算。

(2) 第 1a 部分（第 2 册和第 3 册有此部分）　潮流预报表（tidal stream tables）。该部分仅载有不能用非调和常数方式表达的海峡或水道的潮流。

在潮流预报中列出每日的平流（slack）时间以及流速最大的时间和速度（maximum time and rate）。速度数字前的"＋"（positive）和"－"（negative）表示往复流的两个基本相反的方向。其所指的方向各页均有说明。

潮流表中列出的水流数据可能包括海流，也可能不包括海流，有关海流的说明均在每页的下部。

（3）第2部分　附港潮汐预报资料。包括潮时差和潮高差（time and height differences）和四个主要分潮（M_2，S_2，K_1，O_1）的调和常数（harmonic constants）：振幅 H 和分潮迟角 g 以及平均海面季节改正（seasonal changes in mean level）的资料（第1册无调和常数和平均海面季节改正）。

利用这些资料可求取附港的潮时和潮高。表中还列出了每一附港的编号和它的主港（港名用黑字体印出）。各港资料按港口编号顺序给出。

（4）第2a部分（仅第1册有这一部分）　以英尺（ft）为单位列出的附港潮汐预报资料。第1册中第2部分和第2a部分的内容完全相同，只是潮高及潮高差的单位不同，前者用米（m）、后者用英尺（ft）作单位。

（5）地理索引（geographical index）　列于书末，按主港和附港港名字母顺序列出。如有主港（黑体字）则给出该港每日预报资料在本册中的页数以及该港编号；如有附港，则给出其编号，即可按此编号在第2部分中查取该附港的有关资料。

（6）主要索引（index to standard ports）　列于各册封里，按主港港名字母顺序排列，给出所在页数。凡主港港名前注有"＊"号者，指该港预报资料亦列于另一册《潮汐表》中。

（7）其他说明　有前言、引言、用法说明等，各册内容大体相同。

有关各册《潮汐表》自付印之后的改正资料，即补遗和勘误，均发布于《航海通告每年摘要》第1号通告中。

三、潮汐表中的辅助用表

各册《潮汐表》中所附的辅助用表稍有不同，现以第2册和第3册为例择重点说明。

1. 求任意潮时和潮高用表（for finding the height of tide at times between high and low water）

这是一张求任意潮时和潮高的余弦曲线图，它应和表3配合使用，以求得任意潮时的改正数。其计算结果和制表原理均与我国《潮汐表》中的梯形图卡相同，可以互用。如前所述，本法同样是将各港实际潮汐曲线看作正规的余弦曲线，它与实际情况可能不完全相符。在第1册《潮汐表》中则列出了各主港较为实际的潮汐曲线，用它求取该港任意潮时和潮高，则较为准确。

潮汐曲线的顶端为高潮（HW）时，右侧＋1，＋2，＋3，…，＋7，分别表示高潮后1～7小时；左侧－1，－2，－3，…，－7，分别表示高潮前1～7小时。高潮前半部为涨潮（rising tide）曲线，后半部为落潮（falling tide）曲线。图的左右两侧列出系数（factor），由0～1.0。根据公式：

任意时潮高＝低潮潮高＋改正数

改正数＝潮差×1/2（1－cost/T×180°）＝潮差×系数

所以利用本表的潮汐曲线，根据任意时与低潮时的时间间隔（t），即可求得相应的系数，再乘以潮差即得改正数。曲线图中共有5条曲线，其涨（落）潮时间各不相同，分别为0500，0530，0600，0630，0700，不同涨（落）潮时间（T）要查取不同的曲线，或在两相邻曲线中进行内插，以求得较准确的系数值。

2. 乘积表（multiplication table）

本表应和求任意潮时和潮高用表配合使用。顶端引数为主（附）港的潮差（range），左边引数是按上表曲线查得的系数（factor），表中所列数值为两者的乘积（改正数），精确到小数点一位，如要求更精确可自行计算。

3. 米（m）和英尺（ft）换算表（conversion table；metres to feet）

该表的换算基数为：1 ft＝0.304 8 m。

4. 主港潮面表（tidal levels at standard ports）

所列潮面均由海图基准面起算。表中各栏内容包括：最低天文潮面（LAT），平均大潮低潮面（MLWS），平均小潮低潮面（MLWN），平均海面（ML），平均小潮高潮面（MHWN），平均大潮高潮面（MHWS），最高天文潮面（HAT）以及观测和预报单位，观测年份（括号内注明进行完全的年观测的数目）。

当潮面高度为"＋"时，表示该潮面在海图基准面上；为"－"时表示在海图基准面下；为"0"时表示该面即海图基准面。

由该表可以了解海图基准面（即表中潮高基准面）离平均海面的位置，还可以了解海图基准面与其他潮面的关系，从中可以看出该港海图基准面是否过高或过低，引起对当地海图水深可能会出现小于实际水深的情况的注意。

对于具有日潮或混合潮性质的主港，则用平均低低潮（MLLW）、平均高低潮（MHLW）及平均低高潮（MLHW）、平均高高潮（MHHW）潮面来表示。

5. 天文引数表（astronomical arguments）

该表给出了 9 个分潮的天文引数，以便用各分潮调和常数计算任意时潮高。其中：

$E_0 + u$ 为分潮相角。表中列出每日 0000 时的值（单位度）；F 为分潮的节点因素。表中列出每月月中的值。

对航海来说，采用 4 个主要分潮 M_2、S_2、K_1、O_1 推算潮高已足够准确。

四、计算举例

1. 求主港潮汐

例 1：本船船时时区 -0700，求 2006 年 9 月 18 日长江口 CHANGJIANG APPROACHES（LUHUADAO）高低潮时和潮高。

解：由《潮汐表》第 3 册"主港索引"可查得港预报在表内的页数，并翻表查得长江口当日潮汐资料：

高潮时（时区 -0800）　　　　　　低潮时（时区 -0800）

0747	2014	0214	1351
-0100	-0100	-0100	-0100

0647　　　1914（时区 -0700）　　0114　　1251（时区 -0700）

高潮高（m）　　　　　　　　　低潮高（m）

3.1　　　　3.8　　　　　　　　2.0　　　1.9

2. 求附港潮汐

附港高（低）潮时＝主港高（低）潮时＋高（低）潮时差

附港潮高＝主港潮高－主港平均海面季节改正＋潮高差＋附港平均海面季节改正

附港潮高＝主港潮高＋潮高差

（当主附港平均海面季节改正数值不大时）

注意：上述公式中的潮时差、潮高差及季节改正均有正、负号。

例 2：求黑角港（Noire Pointe）某年 8 月 1 日潮汐。

解：查表及计算如下。

① 按港名字母查《潮汐表》第 2 册末即《潮汐表》"地理索引"得知黑角为附港，其编号为 3716；

② 按附港编号顺序在《潮汐表》第 2 部分中查得黑角（3716）的主港为 Bonny Town（黑体字印出）其编号为 3662，该主港潮汐预报资料载于第 90 页。并查得黑角港与主港 Bonny Town 的潮时差、潮高差资料，摘录如下。

主、附港平均海面季节改正（见以下算式）。

③ 查《潮汐表》第 1 部分得主港 Bonny Town 8 月 1 日潮时潮高。

④ 按公式计算得出附港潮高。

	高潮	高潮	低潮	低潮
主港潮时（−0100）	0348	1534	0928	2200
潮时差	−0125	−0125	0000	0000
附港潮时（−0100）	0223	1409	0928	2200
主港潮高（m）	1.9	2.0	0.8	0.5
主港平均海面季节改正（减）	−0.1	−0.1	−0.1	−0.1
改正后得主港潮高	2.0	2.1	0.9	0.6
经内插得潮高差	−0.6	−0.7	−0.3	−0.2
未改正的附港潮高	1.4	1.4	0.6	0.4
附港平均海面季节改正（加）	−0.1	−0.1	−0.1	−0.1
附港潮高（m）	1.3	1.3	0.5	0.3

例 3：求鹿特丹（Rotterdam）港某年 5 月 29 日潮汐。

解：查表及计算如下。

① 按港名字母顺序查《潮汐表》第 1 册书末"地理索引"得知 Rotterdam 为附港，其编号为 1508

② 由该册《潮汐表》第 2 部分（潮高单位为 m，如需求用 ft 为单位的潮高，应查第 2a 部分），按港名编号顺序查得 Rotterdam（1508）的主港为 Hoek Van Holland（1505），该主港的潮汐预报载于第 232 页。所查 Rotterdam 和主港 Hoek Van Holland 的潮时差、潮高差资料见如下算式。

《潮汐表》中原注：

在这些港口有二重低潮发生，所列低潮潮时差和潮高差系指第二个低潮的数据。

Hoek Van Holland 港的预报资料，系指第二个低潮的数据，通常是两个中较低者，而第一个低潮的预报可以由载于本表的相关图表查获。

③ 查《潮汐表》第 1 册第 1 部分得知主港 Hoek Van Holland 港 1978 年 5 月 29 日潮汐资料如下：

Time	M
0254	0.1
0807	2.1
1534	0.3
2037	1.8

④ 计算格式：

	高潮	高潮	低潮	低潮
主港潮时（－0100）	0807	2037	0254	1534
潮时差（注意内插）	＋0158	＋0158	＋0224	＋0226
附港潮时	1005	2235	0518	1800
主港潮高（m）	2.1	1.8	0.1	0.3
潮高差	＋0.1	＋0.1	0.0	0.0
附港潮高（m）	2.2	1.9	0.1	0.3

3. 求任意潮高和潮时

例 4： 求横滨（Yokohama）港 1978 年 4 月 28 日 1200（－0900）潮高。

解：

① 按港名字母查《潮汐表》第 3 册"主港索引"，得横滨港潮汐预报资料所在页数。并查得 4 月 28 日 1200 前后高、低潮资料。

② 分别求出落潮时间及所求时（1200）和高潮时的时间间隔及潮差：

低潮时	1431
－高潮时	0726

落潮时间	0705
高潮潮高（m）	1.6
一低潮潮高	0.2
潮差	1.4
所求时	1200
一高潮时	0726
与高潮时间隔	＋0434（高潮后）

③ 以落潮时间（0705）及所求时与高潮时的间隔（＋0434）为引数查《潮汐表》潮汐曲线图（表 2）中落潮间隔为 0700 的曲线，得系数为 0.26。

④ 以潮差 1.4 m 和系数 0.26 查《潮汐表》乘积表（表 3）得改正数为 0.4 m（用笔算可较准确，为 0.36 m）

⑤ 所求时（1200）潮高＝低潮潮高（0.2 m）＋改正数（0.4 m）＝0.6 m

例 5：求多佛尔港（Dover）某年 5 月 22 日多佛尔港 0900（G. M. T.）的潮高。

解：

① 查"主港索引"后，得 1978 年 5 月 22 日多佛尔港 0900（G. M. T.）前后的低、高潮资料。

② 分别求出所求时与高潮时的间隔及潮差：

高潮时	1036
一所求时	0900
与高潮时间隔	－0136（高潮前）
高潮高（m）	6.5
一低潮高（m）	0.6
潮差（m）	5.9

③ 查该港潮汐曲线中的大潮涨潮曲线（因该港当日潮高与平均大潮差一致或接近），即可求得系数，约为 0.8。

④ 以潮差（5.9 m）和系数（0.8）为引数查《潮汐表》乘积表（表2）得改正数为 4.7 m。

⑤ 所求时（0900）潮高＝低潮高（0.6 m）＋改正数（4.7 m）＝5.3 m

注：如果当日潮差与该港平均小潮差（3.3 m）相近，则应查取小潮曲线；如潮差在平均大、小潮差之间，则应同时求得两个系数，再进行内插求得较准确的系数。

如求附港任意时潮高，则应先求出附港潮时，潮高再进行与例2和例3相类似的查表和计算。

如果求任意潮高的时间，则应作与例2和例3顺序相反的查表及计算，即先根据该潮高和低潮潮高求得改正数，然后通过潮差求得系数，再求得与高潮时的时间间隔，最后求得该潮高的时间。

第二节　潮流推算

由于月球和太阳引潮力的作用，使得海水做周期性的垂直方向和水平方向运动，海水水平方向的运动便形成潮流。因此，潮流与潮汐是同时发生的。潮流变化的周期与潮汐周期也大致相同。潮流的流速与潮差成正比，大潮时潮差最大，流速最大；小潮时潮差最小，流速也最小。

潮流分为往复流（reversing tidal stream）和回转流（rotary tidal stream）两种。

一、往复流及其推算

（一）往复流

在海峡、河道、港湾和沿岸一带，由于受地形影响，潮流以相反的两个方向交互流动（流向相差180°），称为往复流。涨潮时，海水从外海向内海流动，称为涨潮流；落潮时，海水从内海向外海流动，称为落潮流。

潮流由涨向落或者由落向涨的变化，即潮流流向发生约180°变化时，流速接近于零，此时称为转流，也称平流或憩流（英文统称 slack water），其中间时刻，称为转流时间（slack time）。

1. 往复流的流向、流速在海图上的标注

往复流的海图图式以带羽尾的箭矢表示涨潮流的流向，不带羽尾的箭矢表示落潮流的流向。在箭矢上标注的数字表示流速（kn），仅注明一个数字的是指当地大潮日的最大流速；若注明两个数值，则分别表示小潮日和大潮日的最大流速。如图 6-1 所示，图 a 为涨潮流，流向 090°，其中，左图表示大潮日最大流速为 2.5 kn；右图表示小潮日最大流速为 1.5 kn，而大潮日最大流速为 2.8 kn。图 b 为落潮流，流向 270°。

图6-1　往复流的海图标注

a. 涨潮流　b. 落潮流

2. 往复流的类型

与潮汐类型一样，往复流也分为半日潮、混合潮和日潮型三类。

图 6-2 中，图 a 是典型的半日潮流，一个太阴日内，在相反的流向上各有两个最大流速，有 4 次转流时间。图 b 是混合潮流，其中：图 b（1）表示一个太阴日内，在相反的流向上仍各有两个最大流速，但其中一个最大流速为 0；图 b（2）表示由于日潮影响增大，一个太阴日内，在其中一个流向上，出现了 3 个流速极值。图 c 是典型的全日潮潮流，其中：图 c（1）表示一个太阴日内，在每个流向上有一个最大流速，两次转流时间。图 c（2）表示其中的一个流非常微弱，它的流速和流向是不确定的。

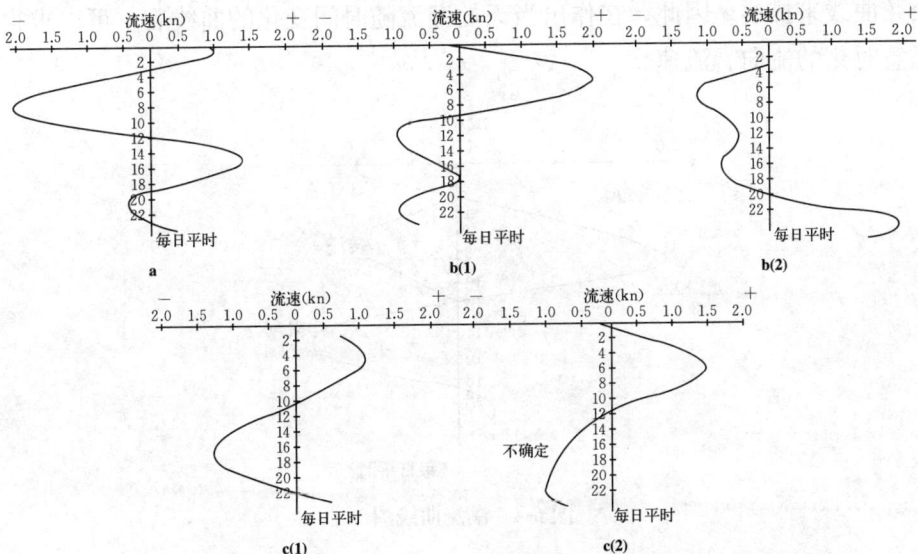

图6-2　半日潮、混合潮、日潮型往复流示意图

a. 半日潮　b（1）、b（2）. 混合潮　c（1）、c（2）. 日潮

（二）往复流的推算

1. 根据"潮流预报表"推算当时的流向、流速

英、中版《潮汐表》中都包含某些水域的"潮流预报表"，表中列出日期和每天的转流时间（SLACK Time）、最大流速（MAXIMUM Rate，以"kn"为单位）及其发生时间（Time）。最大流速前的"＋""－"号表明了该最大流速发生时的流向，每页表上都注明"＋""－"号所代表的潮流流向。"潮流预报表"中如无特殊说明，则不包括可能存在的海流。海流与潮流不同，在一定期间，海流的流向、流速均较稳定，且流速一般不大，但它的存在，会对潮流的流向、流速产生影响。

POSITIVE（＋）DIRECTION 113
NEGATIVE（－）DIRECTION 293
JULY

SLACK Time（转流时间）	MAXIMUM（最大） Time（时间）	Rate（流速）
	0020	1.0
0300	0755	−2.0
1140	1500	1.4
1850	2030	−0.4
2250		

（16 SA 为日期栏）

图 6-3　潮流表摘录

例 1：根据摘录的某地 7 月 16 日的潮流资料（如图 6-3 所示），求 0600 的流向、流速。

解：根据转流时间、最大流速及其发生时间、"＋""－"号表示的流向等数据作出当天潮流随时间的变化曲线如图 6-4 所示，由曲线图可得该地该日 0600 的流向为 293°、流速约为 1.5 kn。

与潮汐一样，一个太阴日内的潮流变化也可看成为一简谐运动，即可用余弦曲线来描述。因此，在作出当天的潮流随时间变化的曲线后，可以求得任意时刻的流向、流速。

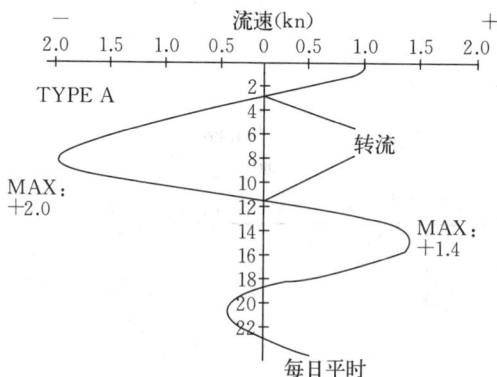

图 6-4　潮流曲线图

同样，也可用计算法求任意时刻的流向、流速。假设欲求任意时刻 t 的流速 V_t，则根据与时刻 t 最接近的最大流速 V_m 及其发生时间 T_m 和转流时

间 T_s 的那条余弦曲线，按式（6-1）计算 t 时刻的流速 V_t，即

$$V_t = V_m \cos\left(\frac{t - T_m}{T_s - T_m} \times 90°\right) \qquad (6\text{-}1)$$

例 2：用计算法求例 1 中 0600 的流向、流速。

解：因为与 0600 最接近的最大流速 $V_m = -2.0$ kn，$T_m = 0755$，$T_s = 0300$。代入式（6-1）得

$$V_t = -2.0\cos\left(\frac{06^h00^m - 07^h55^m}{03^h00^m - 07^h55^m} \times 90°\right) = -1.6 \ (\text{kn})$$

所以，0600 的流速为 1.6 kn、根据表中对"$-$"号的说明，流向为 293°。

2. 根据航用海图上的往复流资料推算

在航用海图上，可直接量取往复流的箭头方向求得流向，流速的推算方法如下。

(1) 半个月中每天最大流速的变化规律　因为潮流的流速与潮差成正比。所以，半个太阴月中，每天的最大流速也不同。大潮日及其前后一两天内，用大潮日最大流速（V_S）作为当天的最大流速；在小潮日及其前后一两天内，用小潮日最大流速（V_N）作为当天的最大流速；其余日期用小潮日与大潮日的最大流速的平均值（$\bar{V}$）作为当天的最大流速。即

$$\bar{V} = \frac{1}{2}(V_S + V_N) \approx \frac{3}{4}V_S \approx \frac{3}{2}V_N \qquad (6\text{-}2)$$

(2) 一天中流速的变化　潮流的流速随时间而变化。在一个太阴日中，对于半日潮，有 4 个转流时间，各间隔约 6 h。转流时的流速接近为零，转流以后流速逐渐增大，到相邻两次转流时间的中间时刻，流速达到最大，以后又逐渐变小，至下次转流时间流速又降至零。可运用 1、2、3、3、2、1 的简谐运动变化规律，概略估算一天中任意时的潮流流速。

即转流后 1 h 内的平均流速是当日最大流速的 1/3；

转流后 1～2 h 的平均流速是当日最大流速的 2/3；

转流后 2～3 h 的平均流速是当日的最大流速；

转流后 3～4 h 的平均流速是当日的最大流速；

转流后 4～5 h 的平均流速是当日最大流速的 2/3；

转流后 5～6 h 的平均流速是当日最大流速的 1/3。

但转流时间可能并不发生在高潮时或低潮时，故应查阅有关《航路指南》和海图等，以掌握转流时间。当无法获得转流时间的资料时，可以将高

潮时或低潮时作为转流时间。

若将流速的上述变化规律近似地用余弦函数曲线来描述，则也可用计算法求得任意时的流速。如图 6-5 所示，纵坐标为流速 V_t，横坐标为时间 t。设两相邻的转流时间的间隔为 T，所求时刻 t 与同方向的最大流速（V_m）时刻的时间间隔为 ΔT，则 t 时刻的流速 V_t 用式（6-3）计算：

$$V_t = V_m \cos\left(\frac{\Delta T}{T} \times 180°\right) \tag{6-3}$$

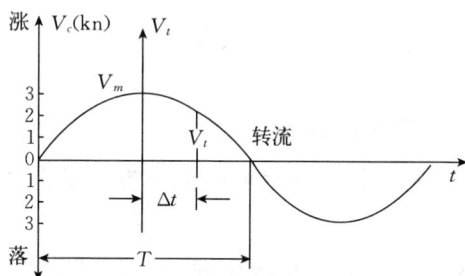

图 6-5　流速变化余弦函数曲线

二、回转流及其推算

凡是在江河入海的外方、外海或广阔的海区，流向不断变化着的潮流称为回转潮流，简称回转流。对半日潮来说，约 12 h 25 min 回转一周（360°）；而全日潮，约 24 h 50 min 回转一周（360°）。涨潮与落潮之间一般都没有明显的憩流现象。

（一）回转流资料

在航用海图上，回转流图式主要有两种。一是如图 6-6a 所示的潮流图。潮流图中心的地名表示本图标处的流向、流速是以该港（称此为主港）的潮汐为基准作出的。箭头指向为流向，旁注的数据为大潮和小潮时的最大流速。0 表示主港高潮时，1，2，…表示主港高潮前的第 1 小时，第 2 小时，…，Ⅰ，Ⅱ，…表示主港高潮后的第 1 小时，第 2 小时，…的潮流。

另一种是如图 6-6b 所示的（◇、◇ 或 ①、② 等）图式（潮流预报点），它表示该地的回转流资料在海图空白处的潮流表中列出。使用时可根据潮流预报点编号从潮流表的对应编号栏查取回转流资料。海图潮流表的形式见表 6-1，表中列出 A、B 两个潮流预报点的潮流资料。

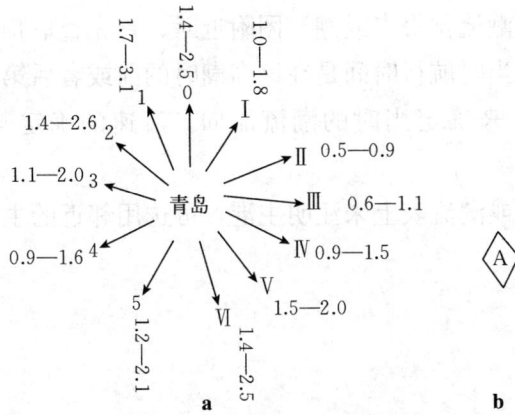

图 6-6 回转流的主要两种图式

a. 主港 b. 潮流预报点

表 6-1 海图潮流表示例

主港	时间(时)		Ⓐ 21°23′5N 108°45′2E			Ⓑ 21°23′0N 108°56′7E		
			流向	流速（kn）		流向	流速（kn）	
				小潮	大潮		小潮	大潮
××港	高潮前	6	213°	0.5	1.9	221°	1.9	5.1
		5	225°	0.5	1.2	215°	1.3	3.8
		4	230°	0.3	0.7	150°	1.0	1.5
		3	232°	0.2	0.4	040°	0.7	0.4
		2	228°	0.4	1.6	038°	1.2	2.7
		1	060°	0.5	1.7	038°	1.3	4.7
	高潮	0	050°	0.5	1.9	040°	1.4	5.3
	高潮后	Ⅰ	042°	0.4	1.9	042°	1.3	4.1
		Ⅱ	044°	0.3	1.8	130°	1.0	1.9
		Ⅲ	100°	0.1	0.4	214°	0.5	0.4
		Ⅳ	222°	0.3	0.5	220°	0.1	1.9
		Ⅴ	221°	1.6	1.3	221°	0.5	4.4
		Ⅵ	218°	1.9	1.6	224°	1.1	5.1

（二）回转流的推算

当船舶航行于潮流预报点或潮流图附近时，首先查取预报点主港当日的高潮时，然后根据当时航行时间是在该高潮时的前或者后第几小时，查回转潮流图或潮流表，来确定当时的潮流流向。流速的确定与往复流的方法相同。

如回转潮流图或潮流表上未注明主港，可选用邻近的主港进行推算。

第七章 航线与航行方法

第一节 大洋航行

一、大洋航行的特点

大洋航行的航线离岸远，航行时间长，气象、海况变化大，灾害性天气较难避离，受洋流影响也较大；驾驶员对航行海区不够熟悉，只能依赖航海图书资料的介绍，所有这些都是不利因素。但是，大洋航行也有其有利的一面，诸如大洋宽广，水较深，障碍物少，航线有较大的选择性等。

二、大洋航行航线类型

1. 大圆航线

大圆航线即基本沿着两点间大圆弧航行的航线。这是两点间地理航程最短的航线，特别是在高纬度海区航向接近东西、横跨经差较大时，大圆航程比恒向线航程要短至数百海里。但是，由于大圆弧和所有子午线相交角度不等，如果严格沿大圆弧航行，则必须不断改变航向。

2. 恒向线航线

恒向线航线为沿两点间恒向线航行的航线。这不是航程最短的航线，而是操纵方便的沿单一航向航行的航线。在低纬度海区或航向接近南北时，它和大圆航线的航程相差甚小。

3. 等纬圈航线

等纬圈航线出发点与到达点位于同一纬度时沿等纬圈航行的航线，是恒向线航线的特例。

4. 混合航线

为了避开高纬度海区恶劣的气象条件或岛礁危险区，要求航线不超过某限制纬度，这种情况下所采用的大圆航线和限制纬度上的等纬圈航线相结合的最短距离航线即为混合航线。

大圆航线虽航程短，但其如果穿越风、流影响大的海区，则不仅影响船舶安全，而且降低营运效益。恒向线航线虽应用方便，如果不视情况选用，也势必造成航行时间的延长。因此，船舶驾驶人员应认真对各种条件和因素进行综合分析，得出适合当时环境的最佳航线——在确保安全的前提下，使船舶航行时间为最短、最经济的航线。

三、大圆航线

大圆航线是跨洋航行时所采用的地理航程最短的航线。如果将地球当做圆球体，地面上两点间的距离，以连接两点的小于180°的大圆弧弧长为最短。但由于大圆弧与各子午线的交角，除赤道与子午线外，都不相等，因此，所谓沿大圆航线航行，实际上并不是船舶不断改变航向、严格沿着大圆弧航迹航行，而是将大圆弧分成若干小段，每一段仍然是沿恒向线航线航行。这样，就整个航线来说，只是基本上接近大圆弧航线。

如图 7-1 所示，将 AF 两点间的大圆弧分成 5 段，每段恒向线航线可以是 AB、BC、CD、DE、EF 弦线，或是 AA_1，A_1A_2，A_2A_3，……，即 A、B、C、D、E 各点的切线。

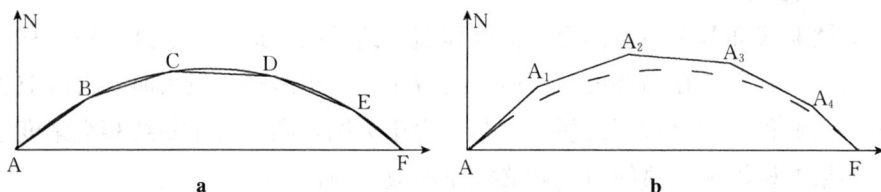

图 7-1 大圆航线示意图

a. 大圆弧弦线　b. 大圆弧切线

综上所述，大圆航行主要是解决两个问题：

① 求分点，即将整个大圆航线划分若干段。划分分点的原则，一般是取分点经度为整度的、一昼夜左右航程的距离（5°~10°经差）为一段来划分。这样，既可一昼夜改变一次航向，又基本上保持在大圆弧上航行，使用比较方便。

② 求各分点间的恒向线航向和航程。

现将求算大圆航线的几种具体方法分述如下。

（一）利用大圆海图法

大圆海图系根据日晷投影原理绘制的，具有所有大圆弧在图上均绘成直线的特点，而恒向线为曲线。利用大圆海图求算大圆航线，就是利用大圆海图上大圆为直线这一特点，具体方法如下。

① 根据航行海区查《航海图书总目录》抽选相应的大圆海图。

② 将起始点和到达点按其坐标标在大圆海图上，用直线将二者连接，即为大圆航线。

③ 在直线上确定各分点，可间隔 5°或 10°经差，取整度经度与直线的交点为一分点，然后，量出各分点的纬度。

④ 将各分点按其经、纬度移画到航用海图上，并用直线连接相邻分点，便得折线状大圆航线；每段折线即为分点间恒向线航线，量出各段恒向线的航向和航程，并列表备航。

（二）利用《天体高度方位表》法

这种方法的实质，就是根据起航点、到达点和仰极所构成的球面三角形与天文三角形相类似的特点，即如图 7-2 所示。起航点 A 相当于测者，A 点的纬度相当于测者的纬度；到达点 B 相当于天体在地球上的投影点，即天体的地理位置。B 点的纬度相当于天体的赤纬；起航点 A 与到达点 B 之间的经差相当于天体的地方时角；而 A 点的始航向相当于天体的方位角；大圆航程相当于 90°与天体高度之差。这样，

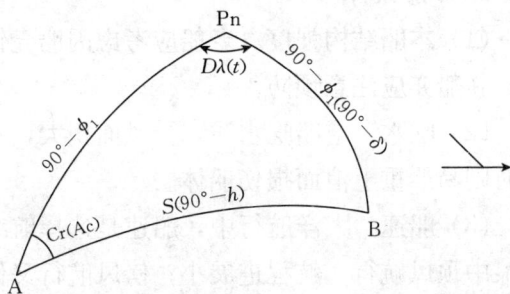

图 7-2　大圆航线要素与天文三角形要素的关系

利用《天体高度方位表》求算起航点和到达点间的大圆方位，作为起航点的始航向。航行约一昼夜后，再根据当时的准确观测船位作为起始点，用《天体高度方位表》求算出至终点的新的大圆方位，作为第二个航向。以此类推，使船保持在大圆弧的切线上航行，直至目的地；或者，在开航前，利用推算的方法，结合《天体高度方位表》，求出每段切线恒向线航向，作出整个折线状大圆航线。

四、大洋航线的选择与航行注意事项

（一）选定大洋航线应考虑的各种因素

1. 气象条件

查阅资料诸如《世界大洋航路》、航路设计图、《航路指南》、相关气象

图等，综合中长期天气预报，仔细分析，充分考虑本航次中遭遇诸如盛行风、季风、热带气旋等大风和灾害性天气及雾区的可能性。

2. 海况

着重研究海流、海浪、流冰和冰山对航行的影响，尽量避开逆流，利用顺流，避开大风浪区、流冰区和冰山活动区。

3. 障碍物

大洋航行时，必须对岛、礁等危险障碍物予以充分的注意，留有足够的安全距离。

4. 定位与避让条件

选择航线时，应充分考虑利用各种定位方法的可能性。接近陆地时，应选择有显著物标或有明显特征等深线的水域。注意避让条件，特别是能见度不良时更应尽可能避免航线通过渔区和拥挤水域。

5. 本船条件

（1）本船结构强度　老船应考虑因船壳锈蚀，容易在大风浪中被冲击漏水；新船亦应注意预防。

（2）吃水　空船吃水浅，受风面积大，不利于充分发挥车效和舵效；满载时则易严重上浪而损伤船体。

（3）船速　大洋航行中，船速是选择航线的一个重要因素。低速船在大风浪中顶风航行，航程进展小；傍风航行又偏移很大，舵效较差。

（4）吨位　一般船舶吨位大抗风能力也大；船型不同，适航性能也不同。但是，吨位大小不一定是主要因素，重要的问题是措施应该得当。

（5）客货载情况　要考虑货载多少，是散装货或杂货，是否有危险品以及封舱、衬垫和绑扎情况；有否甲板货，稳性情况如何等。客船一般应选择风浪小的航线。

（6）船员　要考虑船员的技术水平、熟练程度和应付紧迫局面的能力。在其他条件一定的情况下，船长的经验和船员集体的应变能力，是选择航线应当考虑的一个重要因素。

6. 推荐航线与分道通航

一般应尽量采用《世界大洋航路》和航路设计图中的推荐航线（recommended route）；在有分道通航制的区域，应遵守分道通航的规定。

对于上述各种因素的利弊，应当充分加以权衡。总之，选择大洋航线的主要出发点，应当突出安全，其次是达到节约航行时间的目的。选择大圆航线或混合航线，只有符合安全和缩短航行时间的要求，才有实际意义。

（二）气象定线

1. 气象定线概述

在大洋航行中为选择最佳航线，除了研究了解固定的航海环境外，主要是掌握分析海洋水文气象条件对航区和本船的影响。多年来人们通过具体的航海实践，对此早有注意，并总结了选定航线的丰富经验。各种航路图以及《世界大洋航路》所推荐的航线，就是以气象学资料为基础而制定的，这种推荐航线，确切地说，应称为"气象航线"。

随着天气预报学和船舶通信导航设备的不断发展完善以及缩短船舶营运周期的需要，使根据气象条件具体制定最佳航线的工作获得迅速的发展和越来越广泛的应用。岸上气象咨询开辟了大洋航线设计的新纪元，国际上已有一些专门机构提供针对北大西洋、北太平洋及印度洋的气象定线服务，即岸上气象咨询机构根据大洋气候资料、气象和海况预报，结合船舶的各种条件，通过计算，为船舶优选大洋航线，并在航行过程中继续给出航线的修正指导。气象定线在保证航行安全、缩短航行时间、节省燃料和减少船、货的损失等方面取得了显著的效果。

2. 气象定线步骤

由岸上的专门机构负责向接受导航的船舶提供航线指导是气象定线的主要方式，其一般步骤如下。

（1）**提出申请** 出航前，船长或船公司向气象定线公司提出定线申请，并报告以下内容：① 船舶名称、呼号、航速和所属公司或本航次受雇公司的名称和地址；② 预计起航时间；③ 出发港口和目的港（如果中途有挂靠港，需说明港名和预计停靠时间）；④ 装载情况（装货量、甲板货物情况和稳性等）；⑤ 船舶吃水与干舷；⑥ 其他要求与说明。

气象定线公司收到船舶的申请后，结合气象预报资料，通过计算机及时分析处理。为船舶提出推荐航线和开航后未来5天的天气形势、风浪、海雾、海流等情况；同时根据各种类型船舶航速曲线的特点和货载安全的需要，向被导船舶提供导航指导意见。

（2）**确定航线** 船舶收到定线公司的定线咨询报后，应在仔细分析的基础上确定本船的计划航线。

（3）**相互协调** 航行中，船舶和气象定线公司应密切配合。一般情况下，船舶每2天把午时船位、航向、航速、风向、风级和海况等电告定线公司；定线公司也每 2 天发一次跟踪导航的指导电报。如果船舶因非天气原因发生故障或减速，或船舶自行改变航线，应速电告定线公司；如遇复杂的天气情况，双方加发电报联系协调。

（4）**航次总结**　航行结束时，船长应尽快电告定线公司实际到达时间；定线公司将及时做出航次总结并发给船舶公司，副本送船长。至此，气象定线服务全过程结束。

在气象定线过程中，通信手段非常重要，一般的通信手段难以满足要求，多采用卫星通信。自动气象定线系统，可谓是通信系统与大型电子计算机的结合。

应当指出，气象定线的岸上机构，仅系咨询性质的。接受气象定线服务，并不解脱驾驶员使用其他必要办法妥善计划航线的责任。

（三）大洋航行的注意事项

在大洋航行中，正确选定航线，采用最佳方案十分重要。但是，为了补充航线选定方案中的不足以及根据变化的情况不断修正航线，在航行中采取及时、正确的航海措施，也是保证航行安全不可缺少的重要环节，包括以下各项措施。

1. 认真推算

推算船位是在任何时候获取船位的最基本方法，进行天文定位、无线电航海仪器定位，包括比较现代化的卫星定位，都必须以推算船位作参考。因此，大洋航行中决不可忽视推算船位。为了尽可能提高推算的准确度，应坚持使用计程仪，并切实掌握计程仪改正率；重视罗经工作状况，改向或长时间在同一航向上航行，要注意每隔 1～2 h 进行磁罗经和陀螺罗经对比，以便随时发现问题，采取正确措施；每天早晚利用太阳出没或低高度各测 1 次罗经差，并将测定结果记入罗经误差记录簿；应根据各地地磁的变化，计算罗经差；当船舶跨越赤道后，应对磁罗经的工作情况进行检查，以确定自差有无较大变化。由于航行时间长，更要特别注意正确计算风流压差，以保证推算的准确度。

2. 充分利用机会观测船位

在航行中应充分利用一切机会进行天文定位和无线电导航仪器定位。正常情况下，每昼夜至少有 3 个天文船位（晨、昏天文船位和上午或下午太阳位置线间或与中天纬度间的移线船位各一个）；远距离无线电定位每 2 h 一次；如装有卫星导航仪应及时定位。定位后，均应注意分析产生船位差的原因，作为继续进行航迹推算的参考。如果只能获得单一位置线，也应加以应用，作为分析船位误差的参考。

3. 注意接近海岸的安全

远航接近海岸时，由于可能存在较大的推算误差，要特别注意仔细识别物标，正确定位，确保航行安全。除应选择显著物标作为接岸点外，必须仔细了解接岸区的地形特点、水深变化规律、水中危险障碍物位置、水流情况和助航设施等。接近海岸时，应先开启雷达，提前加强瞭望，反复确认物标，直至对船位确信无疑，方可继续航行。

4. 注意收听天气预报，收录气象传真

大洋航行气象多变，灾害性天气时有出现，因此，必须按时收听有关气象台站的气象报告和传真图，结合本船的气象观测资料进行分析判断。如有灾害性天气，应采取必要的避离和预防措施。

5. 按时接收航海警告

由于大洋航行一般持续时间较长，应特别注意接收无线电航海警告，并及时进行必要的图书资料改正工作。

6. 及时拨钟

在大洋航行中，为了维持正常的作息时间，并使船时与所航行海区的时间一致，应及时按时区拨钟，通过日界限时变更日期，并记入航海日志。

7. 必要时选用适当船速

大洋航行由于可能遭遇灾害性天气等意外原因，有时会延长航行时间，造成燃料储存短缺。因此。船舶除应有额外燃油储备（一般不少于两天的耗油量）外，航行中应选择适当航速，以保证续航至中途港或目的港。

8. 空白定位图的应用

大洋航行使用的航用海图，比例尺一般均较小。在没有障碍物放洋航行的情况下，为了提高推算和定位的准确度，应当选用适当比例尺的空白定位图进行海图作业。

空白海图的特点是：图上只有经纬线及其图尺，在纬线上标明纬度读数，而经线可由使用者自己根据需要用铅笔填写经度读数。南北纬可以通用，故其纬度图尺有正倒两个读数，在用于南纬时，仅需将海图上下倒置，选用相应的纬度读数；图上的向位圈也有相应的内外两圈，用于南纬时，应使用其内圈。

在大洋航行中，首先应根据航区纬度利用《航海图书总目录》选用适当

的空白海图，然后根据航区的经度确定适当的经度值，用铅笔填写在适当的经线处。因此，当航线的纬度变化不大时，则同一张空白海图可重复使用，只要相应改填经度值即可。使用空白海图时，应将早、中、晚的船位转移到航用海图上去，以便及时了解船舶周围海区情况。

第二节　大洋航线运用实例

一、印度洋航线

（一）印度洋水文气象简况

1. 风

北印度洋从 7 月初开始至 8 月末，盛行强劲的西南季风，风浪特别大，浪高达 3～5 m。从 11 月中旬到 3 月盛行弱东北季风，天气晴朗干燥，海面风平浪静。季风转向的季节，多有热带气旋活动。

南印度洋在 10°～30°S 之间，终年为东南信风。30°S 以南逐渐变为西风，风力较大。40°S 以南终年为强烈的西风。热带气旋发生在 10°～30°S、40°～80°E 的海域中。发生次数在 12 月至翌年 3 月较多。

2. 海流

北印度洋从 10 月至翌年 3 月，主要是西南流，它与赤道逆流相接，形成北印度洋冬季逆时针方向环流。5—9 月，主要为东北流，它与赤道海流构成一顺时针方向的环流，其中还有索马里海流。南印度洋主要有南赤道流、莫桑比克海流、西风漂流、西澳海流构成一逆时针方向的环流。

3. 雾

在印度洋上雾较少出现。

（二）北印度洋夏季航线选择

夏季（6 月中旬至 9 月初）正是北印度洋盛行西南季风的季节，7 月为鼎盛期，9 级大风都发生在此月份，6 月和 8 月次之。夏季北印度洋盛行西南季风时间，风向基本上比较稳定为西南方向，但在亚丁湾东口，即索科特拉岛附近以西，风向多为偏南，风和浪以索科特拉岛以东 250 n mile 海区为最大。建议东行船进入红海，西行船进入马六甲海峡时，即应开始连续接收新德里、曼谷、关岛和内罗毕等台发布的各种天气报告，然后选择航线。

1. 新加坡（Singapore）**—亚丁**（Aden）

（1）西行航线（一度半航线）：出马六甲海峡后

航线说明：在东西向航路上避开了 6 级以上的西南大风，过一度半水道要掌握好船位及流压差。在南北向航路上虽然要进入大风浪区，然而向北航行为顺风顺浪。此航线对中、低速船、稳性差的船、甲板货载多的船特别适用。当航行到风浪已不影响航行安全时，可提前转向，或继续沿等纬度航线航行（具体航线视风浪大小而定）。

东非海岸在哈丰角以南，岸标不显著，灯塔少，灯光又弱。在西南季风期间，能见度又不佳，故以不接近海岸为宜，夜间更要小心，一般情况可直接去找哈丰角（Raas Xaafuun）。在通过瓜达富伊角（Raas Caseyr）时，有流速达 5～6 kn 的北流，应注意。西南季风强盛期，亚丁湾内东流较强，由瓜达富伊角去亚丁，可先沿非洲沿岸航行一段，以避逆流，然后直驶亚丁。

（2）东行航线：西南季风期间北印度洋东行（远坤）航线

航线说明：出亚丁湾后采取近岸航行至哈丰角虽然为顶风顶流，但为避风航行，风浪明显小于外海。从哈丰角转向后一路上偏顺风顺流航行，避免了横风横浪对船体的冲击，航速有所增加，而后根据天气条件，逐渐改向到 107°左右。由于这段航线上气象报告往往不准，这样不会处于被动地位。对低速船，主机工况不太好的船仍不失为一条好航线。在索科特拉岛南面航行时有一股不小的向索科特拉岛的风流，要认真掌握好船位，航行在 54°—56°E 之间时，有交叉的船舶，由于视线不佳，特别是风浪较大，顺浪航行时要用比较大的角度，向右转让船时要注意船的横摇，以免造成紧张局面。

2. 新加坡—好望角

（1）东北季风时期（10 月至翌年 3 月）　风速比西南季风要小得多，一般对远洋船舶不会构成威胁。该航线附近海域，风浪平静，气候温暖。西航时大部分顺流行驶，莫桑比克海峡流速可达 2～3 kn，同时可避免南印度洋经常发生的热带气旋。东航时虽遇逆流，但为避开风浪等各种不利因素，而采取此两相近的东西航线，亦是合适的。

新加坡 Singapore-Raffles 灯塔-Poijeu（Brother）灯塔——拓浅滩（One Fathom Bank）——Ujong Jambo Aje（Diamond）灯塔—韦岛（Pulau we）——一度半水道—德尼斯（Ile Denis）岛（主岛塞舌尔群岛 Seychelles Group）—大科摩罗（Great Comoro）岛—安托尼奥（Antonio）岛—Zavora 角—伊丽莎白港（Port Elizabeth）—好望角（Cape of Good Hope）。全程 5 445 n mile。

航线说明：

① 一度半海峡（One and half degree channel）宽约 60 n mile，可在中间通过。海峡西南季风时期，有东向海流，流速 1.5～3 kn。

② 航行到德尼斯岛（Ile Denis）后再西航约 27 n mile，可到伯德岛。该两小岛既低又平。德尼斯岛（Ile Denis）北端设有灯塔，一般距该两岛之北约 10 n mile 通过。从阿尔达布拉（Aldabra）岛的西边约 15 n mile 通过。

③ 距大科摩罗（Comoros）岛西边 6 n mile 外通过。此后顺着西南流（流速约 2 kn）沿非洲东海岸航行。

④ 距 10 n mile 通过莫桑比克的安托尼奥（Antonio）岛，Zavora 角及 Lucia 湾。在德班港附近，有著名的厄加勒斯（Agulhas）海流，流向西南，流速约 3 kn。伊丽莎白港附近，实行分道通航制。

⑤ 南非厄加勒斯角（Cape Agulhas）及其附近地区，能见度经常不佳，一般视距少于 5 n mile。尤其在 4—5 月的雾季，视距常小于 1 000 m。该处实行分道航行。

另一条航线：在阿杜环状珊瑚岛（Addu Atoll）之南约 60 n mile 通过。约正横阿杜环状珊瑚岛后，可直驶德尼斯岛与伯德岛，约距两岛之北 10 n mile 通过，以后同上述航线。此航线全程 5 458 n mile，虽然多航行超过 10 n mile，但航行区域较宽敞，比较安全。

（2）西南季风时期（5—9 月）航线　韦岛直驶毛里求斯岛（Mauritius Is.）附近，过留尼汪（Reunion）岛南再通过马达加斯加（Madagascar）岛南端后，沿南非海岸航行，直达好望角，全程约 4 975 n mile。

航线说明：

① 南印度洋热带气旋一般多从 10°S 西南方向前进，风力达 8 级以上，采用本航线时，要经常收听气象预报，及时避开。在 12 月至翌年 3 月热带气旋盛行期，不宜选择本航线，避免受大风浪袭击。

② 毛里求斯（Mauritius）岛的路易斯港（Port Louis）可补给油水食品。一般航行沿该岛的南端约 6 n mile 通过后驶向留尼汪（Reunion）岛，并在该岛南 20 n mile 通过。

③ 正横马达加斯加（Madagascar）岛南端约 130 n mile 外，即可改向直航伊丽莎白港附近后，直驶好望角。

（3）春秋季风转换期（4 月、10 月）航线　新加坡—巽他海峡（Selat

Sunda)—毛里求斯岛—留尼汪岛—马达加斯加岛南—南非伊丽莎白港—好
望角。

航线说明：

① 巽他海峡中的海流，在 4—9 月为西南流，流速 0.75～1.25 kn，10
月至翌年 3 月为东北流，流速 0.5 kn。航行时一般多在 Sangiang 岛和 Tempurang 岛以东的水道通过。

② 罗德里格斯（Rodriguez）岛在毛里求斯岛东，方位 081°，约距
320 n mile，一般应在该岛之北正横约 40 n mile 处通过。

③ 距毛里求斯岛南约 6 n mile 通过后直抵好望角。

例： 西南季风时期（5—9 月）新加坡到好望角转向点清单如下。

转向点	纬度	经度	航向	转向点间距离 （n mile）	累计航程 （n mile）	剩余航程 （n mile）
1	01°13.2′N	103°54.0′E	不定	8.0	8.0	5 528.3
2	01°11.75′N	103°51.0′E	244°	3.3	11.3	5 525.0
3	01°10.5′N	103°48.0′E	247°	3.3	14.6	5 521.7
4	01°08.2′N	103°44.0′E	240°	4.6	19.2	5 517.1
5	01°10.7′N	103°40.0′E	302°	4.7	23.92	5 512.4
6	01°14.7′N	103°24.6′E	285°	15.9	39.82	5 496.5
7	01°40.0′N	102°50.0′E	306°	42.9	82.72	5 453.6
8	01°57.0′N	102°15.0′E	296°	39.0	121.72	5 414.6
9	02°23.0′N	101°45.0′E	311°	39.8	161.52	5 374.8
10	02°36.2′N	10°126.7′E	306°	22.6	184.12	5 352.2
11	02°50.0′N	101°00.0′E	297°	30.1	214.22	5 322.1
12	05°35.0′N	098°00.0′E	313°	244.3	458.52	5 077.8
13	06°15.8′N	095°08.2′E	283°	176.0	634.52	4 901.8
14	12°08.0′S	070°00.0′E	234°	1 865.0	2 499.52	3 036.8
15	22°00.0′S	058°00.0′E	229°	908.7	3 408.22	2 128.1
16	26°15.0′S	050°00.0′E	240°	507.7	3 915.92	1 620.4
17	30°31.0′S	040°00.0′E	244°	587.6	4 503.52	1 032.8
18	33°47.0′S	030°00.0′E	249°	545.4	5 048.92	487.4
19	34°41.0′S	023°00.0′E	261°	352.0	5 400.92	135.4
20	35°00.0′S	020°17.0′E	262°	135.4	5 536.32	0.0
				5 536.3		

二、大西洋航线

（一）大西洋水文气象简况

1. 风

冬季，亚速尔群岛（Arq. dos Acores）海域已处于低气压范围，大风频率较高，风区范围较大。亚速尔群岛和比斯开湾的海域，盛行西风和西北大风，风力达 7 级以上，涌浪较大。马德拉群岛（Madeira Is.）以南，方向、风力较缓和与稳定，盛行东风和东北风。夏半年，风平浪静，冬半年，狂风恶浪。

北大西洋的飓风（Hurricane）每年发生在 5—12 月，以 8—10 月为多，一般发生在 $7°\sim15°N$ 之间的海域，影响范围较小，持续时间不长。

2. 海流

北大西洋顺时针海流系统：北赤道流、墨西哥湾流、加那利海流。中高纬逆时针方向环流：拉布拉多海流、北大西洋海流、爱尔明格海流。

南大西洋逆时针大环流：南赤道流、巴西海流、福克兰海流、西风漂流、本格拉海流。另外，还有赤道逆流、圭亚那海流、几内亚海流。

3. 雾

在大西洋中，受雾影响最大的地方主要是纽芬兰东面和南面部分。这里几乎常年有雾，夏季多于冬季。另外，整个北海海区雾发生较多，北海中部 5—6 月雾发生最多，8 月至翌年 1 月最少。

4. 冰况

北大西洋的浮冰和冰山，在格陵兰岛东南海域和纽芬兰东南海域最多。流冰的南界可达 $40°N$。冰山有时甚至可穿越漂流南下至 $31°N$。有关资料表明：浮冰自 11 月下旬至翌年 3 月通过拉布拉多海流向南漂流，覆盖了纽芬兰岛以南"大滩"海面的 50% 以上，同时使格陵兰岛向南漂移的冰山受阻，直到 3 月份气温开始上升，这里的浮冰开始融化，北方的冰山也随之南下，所以在北大西洋西部冰山盛行期为 4—6 月。北大西洋的冰山活动仅限于大洋西部。

（二）北大西洋航线

由于在纽芬兰附近，墨西哥湾暖流和拉布拉多寒流的汇合，整年发生浓雾，夏季冰山漂流，渔船较多。为了排除这些不利条件，防止发生碰撞，有关的各国轮船公司协商定出不同季节，往返不同的航线，历史上称为协定航线。

1. 冬季航线

英吉利海峡—巴拿马运河：韦桑岛（Ouessant）—马德拉（Madeira）群岛的圣港岛（Porto Santo）—莫纳海峡（Mona Passage）—科隆（Colon）港，全程 4 801 n mile。

航线说明：

① 自韦桑岛至莫纳海峡间航线可用大圆航法航行。冬季比斯开湾盛行西风和西北大风，风浪达 7 级以上，涌浪较大，且多出现别的海区少见的三角浪，给航行带来困难。

② 由北面驶进马德拉群岛时要注意加那利海流的影响（西南流），掌握好船位。

③ 当航行波多黎各（Puerto Rico）岛西北海岸时，应保持在 183 m（100 拓）水深以外的海域航行。一般距博林肯角（Boringuen）灯塔西北约 16 n mile 外通过。

④ 莫纳岛将莫纳海峡一分为二，东水道较狭窄且有浅水区，故一般走西水道。但只有在东水道才可看到莫纳岛灯塔。加勒比海沿岸航标规格、式样、颜色灯质等和欧洲水域不同，应分辨清楚。

2. 夏季航线

韦桑（Ouessent）岛—圣马利亚岛（Maria）—莫纳海峡（Mona Passage）—科隆（Colon）港。全程 4 514 n mile。

（三）南大西洋航线

南大西洋航线介绍从好望角至布宜诺斯艾利斯（Buenos Aires）港。该航线横越大西洋南部，航线所经海域盛行西风，大风浪较多，尤其在冬季。航线选择应依季节、风浪及海流而定。

（1）好望角（Cape of good hoop）—布宜诺斯艾利斯港（Buenos Aires），西行 一般西行航线：从好望角直驶拉普拉塔河（Rio de la Plata）河口，全程采用恒向线为 3 672 n mile。此航线一般船舶皆可使用。

航线说明：

① 本航线沿途无可定位的岛屿、陆标，皆为大洋航行。船西行至拉普拉塔河口，须注意略靠北岸航行，接近河口时，保持在 35°S 左右。洛沃斯（Lobos）角位于拉普拉塔河口进口处之北岸，其上设有灯塔、雾号及无线电指向标。该处近岸有礁石，以南 15 n mile 有一水深 5.5 m 的浅滩。航线

经洛沃斯角与该浅滩之间，一般距该角南 3 n mile 外驶过。过洛沃斯角后驶向 Ingles 灯船，过该灯船之北，转驶向 Practions Racalada 灯船，此处即为引航站。由河道引航员引航经 Canal Purta Indio 和 Canal Intermedio 水道经 Practicos Iatersection 灯船附近调换港口引航员，再引入布宜诺斯艾利斯港。

② 小马力船西航线，航线略偏于低纬度，在风浪季节中，为了避开逆风、顶流，一般可航行到 30°S 左右。

(2) **布宜诺斯艾利斯—好望角，东行** 本航线全程均可用大圆航法，也可采用限制纬度为 40°S 之大圆航线和等纬圈航线的混合航法，以混合航法为好，全程约 3 580 n mile。因为，40°S 以南风浪巨大，且冰山多，不甚安全。

① 大圆航法：拉普拉塔河口→39°00′S/40°30′W→41°00′S/21°00′W→戈夫岛（Gough）→39°00′S/0°00′→好望角。

② 混合航法：拉普拉塔河（大圆）→39°00′S/4°00′W（恒向线）→39°00′S/0°00′（大圆）→好望角。

第三篇
气　象

第八章 主要海洋水文气象要素的气候分布

第一节 大洋上风与浪的分布概况

一、狂风恶浪分布海域

1. 冬季北太平洋和北大西洋中高纬度海域（30°—60°N）

① 中高纬海域位于盛行西风带内，且与极锋平均位置重合，其上多锋面气旋活动，风大浪急。

② 中高纬海域西部是强大冷、暖海流交汇处，加剧锋面和气旋的形成及强烈发展。

③ 两大洋中高纬驻留永久性低压中心（阿留申和冰岛低压），使周围海域风力强劲。

④ 比斯开湾（北大西洋）：处于西风带中，海湾地形水深，流波效应。

2. 夏季北印度洋

西南季风。

3. 南半球中高纬度海域

① 南半球整个咆哮西风带。

② 好望角（南半球咆哮西风带）：西风带，岬角效应。

二、成因

1. 冬季北太平洋和北大西洋中高纬海域

① 处于盛行西风带内，又与极锋的平均位置重合，极锋上多锋面气旋生成和活动，风大浪大。

② 海域西部是世界上强大的冷、暖海流交汇的地区：北大西洋湾流与拉布拉多寒流、北太平洋黑潮与亲潮交汇，从寒流上流过的冷空气和从暖流上流过的暖空气温度对比更加强烈，加剧了锋面和气旋的形成，并促使其强

烈发展。

③冬季，位于两大洋中高纬地区的永久性大气活动中心——阿留申低压和冰岛低压十分强盛，低压中心和周围海域风力强劲，海面相应产生大浪，大风大浪范围可伸展到中纬度地区。

北大西洋东部的比斯开湾，因湾口朝向盛行西风带，再加上湾内水深变浅以及地形影响和波流效应，使盛行西风吹刮成的海浪波高大大增加，有气旋经过时波高更大。

2. 夏季北印度洋

主要受强大西南季风的影响。

3. 南半球中高纬海域

陆地少，地形简单，尤其是50°～60°S附近，海洋环绕地球，海面摩擦力小，又位于盛行西风带中，风向终年稳定，西风强劲，因而伴生狂浪更加厉害。

其中位于非洲南端的好望角形成岬角地形，西风受岬角地形影响在角端附近加速，使好望角附近洋面风浪的险恶程度尤为显著。

第二节　世界海洋雾的分布

世界海洋雾区分布特点：春夏多，秋冬少；中高纬度海域多于低纬度海域；大洋西海岸多于东海岸；北大洋多于南大洋；大西洋多于太平洋。

日本北海道东部至阿留申群岛常年多雾：其成因主要是黑潮和亲潮交汇的结果，夏季最多，出现频率高达40％，是世界著名雾区之一。主要影响中加和中美西航线。

北美圣劳伦斯至纽芬兰附近海面终年多雾，春夏最盛，平均每月超过10个雾日，最大频率达40％。成因主要是墨西哥湾流与拉布拉多冷流交汇处，是世界最著名雾区。主要影响欧美航线。

挪威、西欧沿岸与冰岛之间海域常年多雾：夏季雾很频，成因主要是北大西洋暖流与冰岛冷流交汇形成。夏季多平流雾，秋冬季多锋面雾和蒸汽雾。这一雾区位于北美与西欧和北欧的主要航道上，尤其是英吉利海峡和多佛尔海峡，来往船舶众多，水流急且流向多变，再加上雾频，船舶航行困难。据统计，此水域雾中撞船事故在世界上首屈一指。

南半球的整个西风带上终年有雾。

信风带海洋的东岸每年春夏季较多雾，范围和浓度都不大。

世界海洋雾1月和7月的频率如图8-1和图8-2所示。

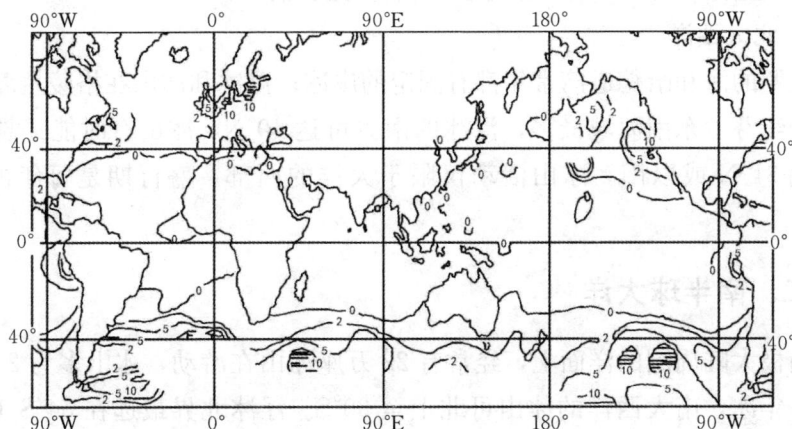

图 8-1 1 月世界海洋雾的频率（％）

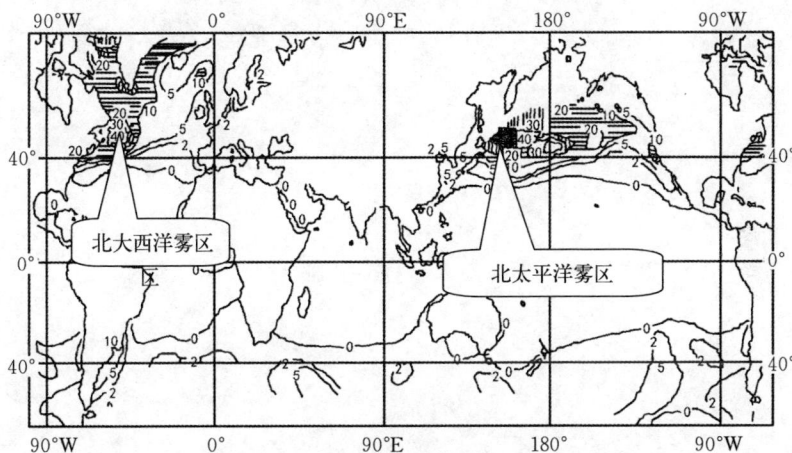

图 8-2 7 月世界海洋雾的频率（％）

第三节 海冰分布概况

一、北半球大洋

1. 北太平洋

白令海、鄂霍次克海、日本海、堪察加半岛以东海湾、北海道湾和阿拉斯加湾有固定岸冰，冰的南界线平均位置在 58°N 附近；阿拉斯加湾沿岸较近的水域有数量不多的小冰山；日本近海的浮冰主要来自鄂霍次克海，浮冰于 1 月上旬白库页岛南下，中旬到达北海道沿岸，势力逐渐增强，2 月末到 3 月达最盛期，3 月下旬开始衰退，4 月末完全消失。

2. 北大西洋

波罗的海和哈德逊湾常年都有固定的岸冰；浮冰和冰山在格陵兰岛东南海域和纽芬兰东南海域最多，浮冰的南界可达 40°N，冰山有时能穿越湾流南下到 31°N 或以南。冰山活动仅限于大洋的西部，盛行期是每年的 4—6 月。

二、南半球大洋

南极大陆周围的洋面上，经常有 22 万座冰山在游动，冰山多为 2～3 m 厚的一年冰，南大西洋的冰山可北上至 30°S。浮冰北界最远在 54°S（南大西洋）。海冰活动的最盛期在 8—9 月。

由上述可见，海冰主要分布在高纬度海域，冬半年严重，夏半年较轻。

第九章　海　流

第一节　世界大洋表层环流模式

一、信风流

在稳定的东北信风作用下，形成了北赤道流，在东南信风作用下，形成了南赤道流。它们均自东向西流动，横贯大洋，属于中性流。南、北赤道流并不完全对称分布在赤道两侧，夏季偏北，冬季偏南，除南印度洋的南赤道流位于 10°S 与南回归线之间外，其他洋面总体上稍偏向北半球。信风流分布如图 9-1 所示。

二、赤道逆流

南、北赤道流到达大洋西岸时，受大陆的阻挡分支而成，自西向东流动，是中性流。位置与赤道无风带一致，偏于赤道以北，3°～5°N 到 10°～12°N 之间。

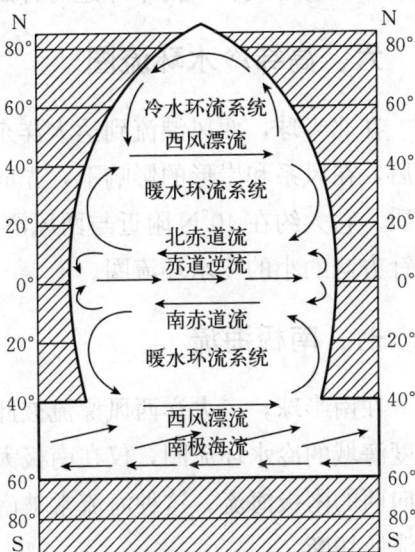

图 9-1　信风流分布

三、西边界流

南、北赤道流流到大洋西岸后分支，主体转向高纬度海域沿着大陆边缘流动，成为西边界流。西边界流流速大，水温高，是较强的暖流，世界上所有强大的暖流都集中在大洋的西边界上，如黑潮、湾流等。西边界流将大量的热量和水汽向高纬度输送，对中高纬海区的海况和气候产生巨大影响。

四、西风漂流

西边界流进入盛行西风带后便形成了基本上自西向东流动的西风漂流。在南半球，因无大陆阻隔，三大洋西风漂流彼此沟通，形成一个围绕南极自西向东流动的连续水环。北大西洋西风漂流具有暖流特性，且可一直保持到横越大洋；北太平洋西风漂流是中性流；南半球的西风漂流则具有寒流特性。

五、东边界流

西风漂流流至大洋东岸分支，一支主流沿着大陆的西海岸流向低纬度海域，成为大洋的东边界流。东边界流流动缓慢，流幅宽广，是寒流。东、西边界流、赤道流和西风漂流，构成了大约在纬度40°以内的大的暖水环流圈，北半球顺时针旋转，南半球逆时针旋转。

六、高纬冷水环流圈

在北半球，西风漂流到达大洋东岸向高纬的分支是暖流，进入极地东风带后，在风系和岸形的影响下，先向西然后在大洋西部折向南行，具有寒流性质。它大约在40°N附近与西风漂流汇合，于是在高纬度海域构成一个逆时针方向的小的冷水环流圈。

七、南极海流

在南半球，三大洋西风漂流彼此连通成为南极绕极环流，而没有出现高纬度海域的冷水环流圈，仅在南极大陆周围出现受极地东风影响而产生的自东向西的南极海流。这种海流常被南极岸形和其他因素影响而发生的地方性海流所切断。

海流系统的形成是盛行风带、地转偏向力、海陆岸形分布等多种因子共同作用的结果。

第二节　世界大洋主要表层海流系统

一、太平洋的海流系统

1. 北太平洋的暖水环流圈

北赤道流（中性）、黑潮（Kuroshio，强暖流）、北太平洋海流（中性流）、加利福尼亚海流（寒流）。

2. 北太平洋的冷水环流圈

北太平洋海流（中性）、阿拉斯加海流（暖流）、阿留申海流（暖流）、亲潮（Oyashio、寒流）。

3. 南太平洋的暖水环流圈

南赤道流（中性）、东澳海流（暖流）、西风漂流（寒流）、秘鲁海流（世界大洋中行程最长的一股寒流）。

二、大西洋的海流系统

1. 北大西洋的暖水环流圈

北赤道流（安的列斯海流、圭亚那海流，中性）、墨西哥湾流（Gulf Stream，最强暖流）、北大西洋海流（暖流）、加那利海流（寒流）。

2. 北大西洋的冷水环流圈

北大西洋海流（暖流）、挪威海流（暖流）、爱尔明格海流（暖流）、东格陵兰海流（寒流）、西格陵兰海流（暖流）、拉布拉多海流（寒流，将大量的冰山和浮冰沿北美东岸向南带往纽芬兰岛附近）。

3. 南大西洋的暖水环流圈

南赤道流（中性）、巴西海流（暖流）、福克兰海流（寒流，夹带冰山）、西风漂流（寒流）、本格拉海流（寒流）。

三、印度洋的海流系统

1. 北印度洋的季风流

北印度洋的海流主要受季风影响，称为季风流。

冬季，吹东北季风，表层流向向西或西南方向，称为东北季风流，与向东流去的赤道逆流构成了逆时针方向的环流系统（左旋流）。

夏季，盛行西南季风，流向向东或东北方向，称为西南季风流，与南赤道流构成顺时针方向的环流系统（右旋流）。

注意：夏季在索马里沿岸有一支流向东北的索马里海流，流速较大，一般都在 4kn 以上，最大可达 7kn；赤道逆流消失，整个北印度洋直到 5°S，表层海流均为东流。

2. 南印度洋的暖水环流圈

南赤道流（中性）、马达加斯加海流（暖流）、莫桑比克海流（暖流）、厄加勒斯海流（暖流）、西风漂流（寒流）、西澳海流（寒流）。

四、红海和亚丁湾的海流系统

红海和亚丁湾的海流属季风流。

东北季风期间，亚丁湾是西向海流，通过曼得海峡进入红海。

西南季风期间，红海海流经曼得海峡流入亚丁湾，亚丁湾为东向海流。

五、地中海和黑海的海流系统

地中海的海流总体上为逆时针方向环流，非洲沿海为东流，欧亚沿海为西流。

黑海的海流总体上也是逆时针方向流动。

世界大洋主要表层海流分布如图 9-2 所示。

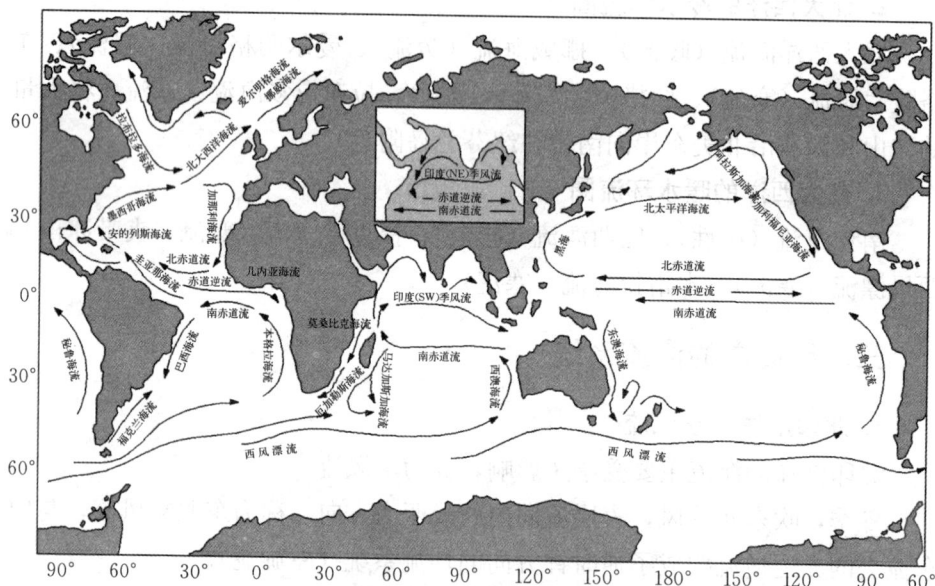

图 9-2　世界大洋主要表层海流分布

第十章　潮　　汐

第一节　潮汐的基本成因

产生潮汐的原动力是天体的引潮力，即天体引力和惯性离心力的矢量和，其中主要是月球的引潮力，其次是太阳的引潮力。

所谓平衡潮是海水在引潮力和重力作用下达到平衡时的潮汐。

平衡潮理论有 2 个假设：① 整个地球被等深的大洋所覆盖，所有自然地理因素对潮汐不起作用。② 海水没有摩擦力和惯性力，外力使海水在任何时候都处于平衡状态。

一、月球的引潮力与潮汐的形成

1. 月球的引力

地球表面某单位水质点所受引力 $F = kM_mM_e/R^2$　　　　　　　(10-1)

式中　F——引力大小；

　　　k——万有引力系数；

　　M_m——月球质量；

　　M_e——地球质量；

　　　R—— 地球与月球中心距离。

大小：　$F = kM_m1/x^2$　(10-2)

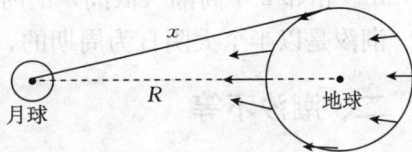

图 10-1　月球引力示意图

式中　x——地表单位质点与月球中心的距离；余同式（10-1）。

对地表单位质点的引力方向如图 10-1 所示。

2. 惯性离心力

$$F = M_eV^2/R \qquad (10-3)$$

式中　F——地球上各水质点惯性离心力；

　　M_e——地球质量；

V——各水质点旋转速度，同地球自转速率；

R——水质点与月球间距离。

（1）月-地系统的旋转运动

地球和月球都绕着位于二者连线上且距地球中心 0.73 倍的地球半径（r）处的公共质心（G）运动，而且是平动运动，周期为 27.3 日。

月亮自西向东公转，与地球自转方向同。

（2）地球上各点的惯性离心力

惯性力大小相同，方向相同，背离月球的方向，且相互平行。如图 10-2 所示。

3. 月引潮力和月潮椭圆体

① 引力和惯性离心力合力，产生了引潮力（如图 10-3 所示）。

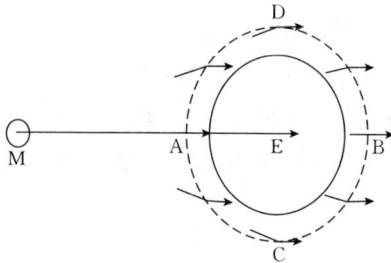

图 10-2　地球上各点的惯性离心力示意图　　图 10-3　引潮力示意图

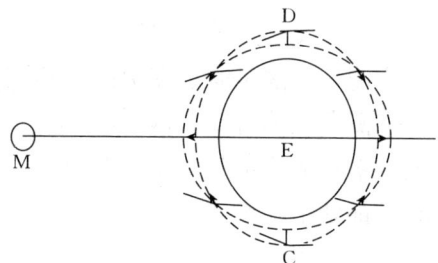

② 在引潮力的作用下，形成了长轴与月-地连线重合的椭圆体，称为月潮椭圆体，其上所受引潮力指向球心的各点所组成的水圈称为照耀圈。

4. 潮汐的形成

成因：月引潮力＋地球自转。

月球连续两次上（下）中天的时间间隔称为一个太阴日，约为 24 h 50 min。相邻 2 个高潮（低潮）的时间间隔（约为 12 h 25 min）称为潮汐周期。潮汐是以半个太阴日为周期的，故称为半日潮。

二、潮汐不等

1. 潮汐的周日不等

同一太阴日中所发生的两次高潮或两次低潮的潮高以及相邻的高、低潮的时间间隔并不相等，这种现象称为潮汐周日不等。

① 除赤道外，各纬度高低潮之间的间隔都不等于 6 h 12.5 min。

② 除赤道外，各纬度两次高潮的潮高都不相等。

2. 潮汐的半月不等

月球、太阳和地球在空间周期性地改变着它们的相对位置而发生了潮汐

半月不等现象，就是从新月到上弦，潮差逐渐变小；从上弦到满月潮差逐渐
变大，到满月时与新月时一样，潮差又达到最大。从满月到下弦，从下弦到
新月又产生同样的反复。显然，潮差是以半个朔望月（约 14.5 日）为周期
而变化的，称为潮汐的半月不等。

大潮和小潮发生如图 10-4 和图 10-5 所示。

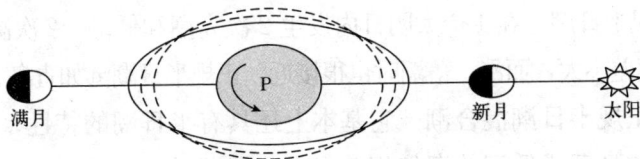

图 10-4　大潮的产生示意图

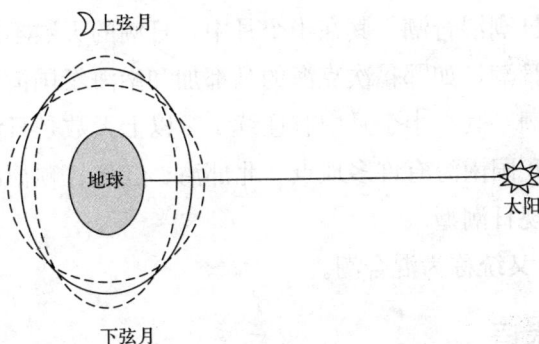

图 10-5　小潮的产生示意图

3. 潮汐的视差不等

由于地球和月球距离变化而产生的潮汐不等，称为潮汐视差不等。
潮汐视差不等如图 10-6 所示。

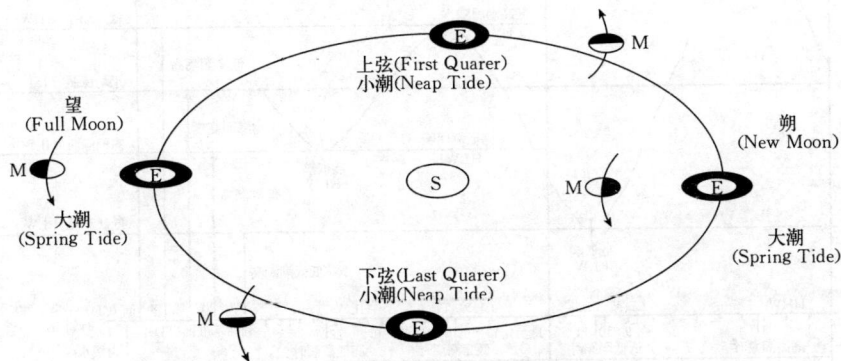

图 10-6　潮汐视差产生的示意图

第二节　潮汐类型及潮汐术语

一、潮汐类型

根据潮汐性质可以将潮汐分为 4 种类型。

（1）正规半日潮　在 1 个太阴日内发生 2 次高潮和低潮。2 次高潮和两次低潮的高度都相差不大，而涨、落潮时也很接近。正规半日潮港如青岛、巴拿马等。

（2）不正规半日潮混合潮　它基本上还具有半日潮的特性，但在 1 个太阴日内相邻的高潮或低潮的潮位相差很大，涨潮时和落潮时也不等，如浙江镇海港和亚丁港。

（3）不正规日潮混合潮　其在半个月中，日潮的天数不超过 7 天，其余天数为不正规半日潮，如鄂霍次克海的马都加和南海泰国湾等。

（4）正规日潮　其在半个月中有连续 1/2 以上天数是日潮，而在其余日子则为半日潮。我国南海有许多地点（北部湾、红岛、顺德港等）潮汐涨落情况，都属于正规日潮型。

（2）和（3）又统称为混合潮。

二、潮汐术语

潮汐术语示意图如图 10-7 和图 10-8 所示。

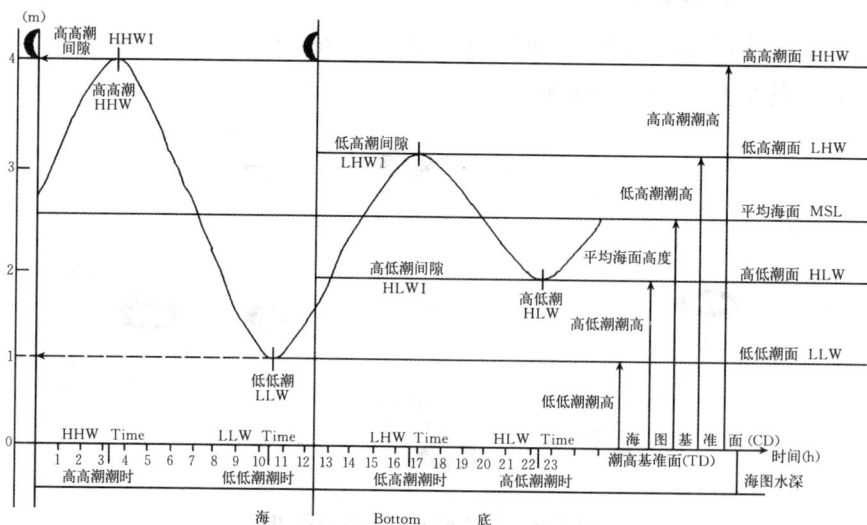

图 10-7　潮汐示意图

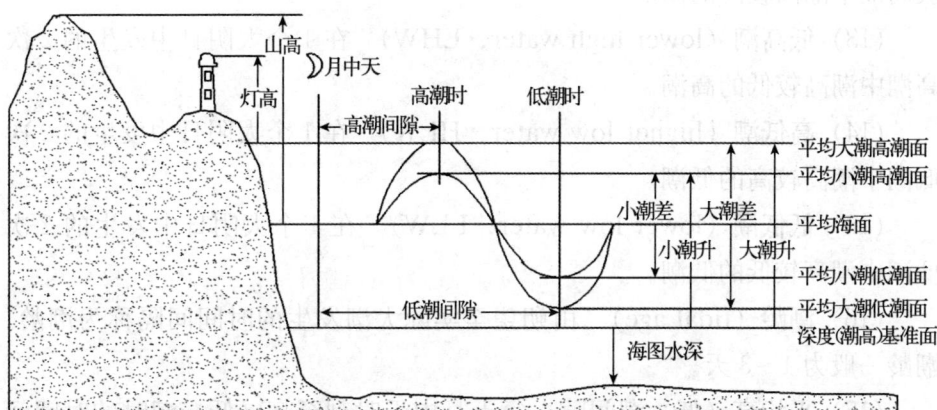

图 10-8　潮汐图解

（1）**潮高基准面**（tidal datum，TD）　计算潮高的起算面，一般即为海图深度基准面。如两者不一致时，则应进行订正，才能将潮高应用到海图上。

（2）**平均海面**（mean sea level，MSL）　根据长期潮汐观测记录算得的某一时期的海面平均高度。

（3）**海图深度基准面**（chart datum，CD）　计算海图深度的起算面。

（4）**涨潮时间**（duration of rise）　从低潮时到高潮时的时间间隔。

（5）**落潮时间**（duration of fall）　从高潮时到低潮时的时间间隔。

（6）**平潮**（slack）、**停潮**（stand）　高潮发生后，海面有一段时间呈现停止升降的现象，称为平潮；低潮发生后，海面也有一段时间呈现停止升降的现象，称为停潮。

（7）**潮差**（tidal range）　相邻高、低潮潮高之差。

（8）**大潮升**（spring rise，SR）　从潮高基准面到平均大潮高潮面的高度。

（9）**小潮升**（neap rise，NR）　从潮高基准面到平均小潮高潮面的高度。

（10）**回归潮**（tropic tide）　当月球赤纬最大时（此时月球在北回归线或南回归线附近）的潮汐称为回归潮。此时，日潮不等现象最显著。

（11）**分点潮**（equinoctial tide）　当月球赤纬最小时的潮汐称为分点潮。此时日潮不等现象最小。

（12）**高高潮**（higher high water，HHW）　在 1 个太阴日中发生的 2

次高潮中潮高较高的高潮。

(13) **低高潮**（lower high water，LHW） 在 1 个太阴日中发生的 2 次高潮中潮高较低的高潮。

(14) **高低潮**（higher low water，HLW） 在 1 个太阴日中发生的 2 次低潮中潮高较高的低潮。

(15) **低低潮**（lower low water，LLW） 在 1 个太阴日中发生的 2 次低潮中潮高较低的低潮。

(16) **潮龄**（tidal age） 由朔望至实际大潮发生的时间间隔称为潮龄。潮龄一般为 1～3 天。

(17) **平均高（低）潮间隙** 每天月中天时刻至高（低）潮时的时间间隔的长期平均值称为平均高（低）潮间隙。

第十一章 船舶气象信息的获取和应用

第一节 天气图的一般知识

一、天气图的定义

天气图是填有各地区同一时刻气象要素观测记录，能反映某一地区、某一时刻天气状况或天气形势的特种地图。

天气图的绘制过程：①气象资料的观测和传递；②气象资料的接收和填图；③天气图的分析。

二、天气图的种类

天气图可分为地面天气图、高空天气图和各种辅助图表。

三、天气图采用的时间

地面图：00，06，12，18 世界时；高空图：00，12 世界时（观测时）。

四、天气图底图的投影方式

天气图底图是用来填写各测站气象观测资料而特制的空白地图。制作底图的投影方式主要有以下三种。

(1) 兰勃特投影　又称等角正割圆锥投影，经线是向极地收敛的直线，纬线为同心圆，这种图在30°和60°无失真。中纬度地区的天气图多采用该投影（图 11-1a）。

(2) 极地平面投影　纬线以极地为中心的同心圆，经线向外辐射。北半球的天气图多采用该投影（图 11-1b）。

(3) 墨卡托投影　等角正圆柱投影，经纬线均为互相垂直的直线。低纬和赤道地区的天气图多采用这种投影（图 11-1c）。

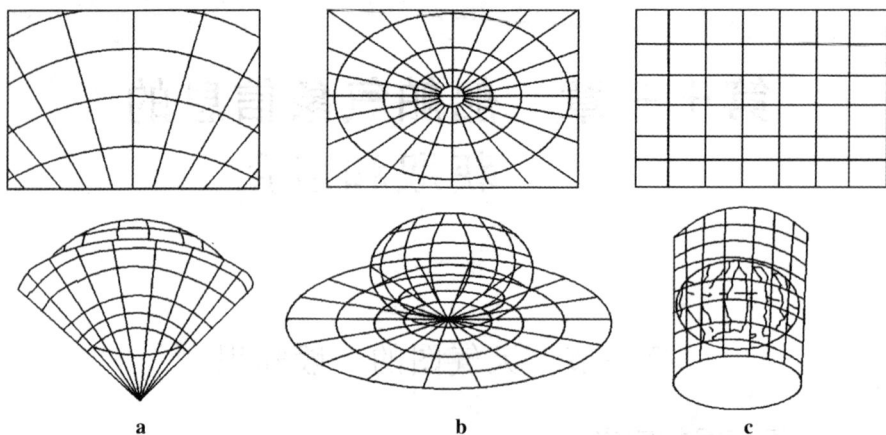

图 11-1　天气图底图的三种投影方式

a. 兰勃特投影　　b. 极地平面投影　　c. 墨卡托投影

第二节　船舶获取气象信息的途径及应用

船舶获取气象信息的途径主要有以下几种。

一、气象传真图的获取

气象传真图是向海上船舶提供的一种简单、直观的天气图。海上航行的船舶可以通过气象传真接收机适时地接收航区邻近国家传真台发布的气象传真图，以获取航行海区的天气和海况资料，了解航区更多、更大范围的天气演变过程，掌握航区已发生和将要发生的天气和海洋情况，从而做出趋利避害的决策，保障海上活动安全。

现代船舶上均装有气象传真接收机，可接收沿海国家和岛屿发布的气象传真信息，使船舶及早避离恶劣天气，保障航行安全，提高营运效益。世界气象组织将全球各地的气象传真广播台划分为 6 个区域，即亚洲、非洲、南美洲、北美洲、西南太平洋和欧洲。目前，世界已有气象传真发射台 40 多个，分布在陆地和岛屿，遍布全球。

关于各气象传真广播台使用的呼号、频率、广播时间及内容细目，在英版《无线电信号表》每年第三卷可查到。图 11-2 为世界各地主要气象广播站（横线为赤道）分布情况。

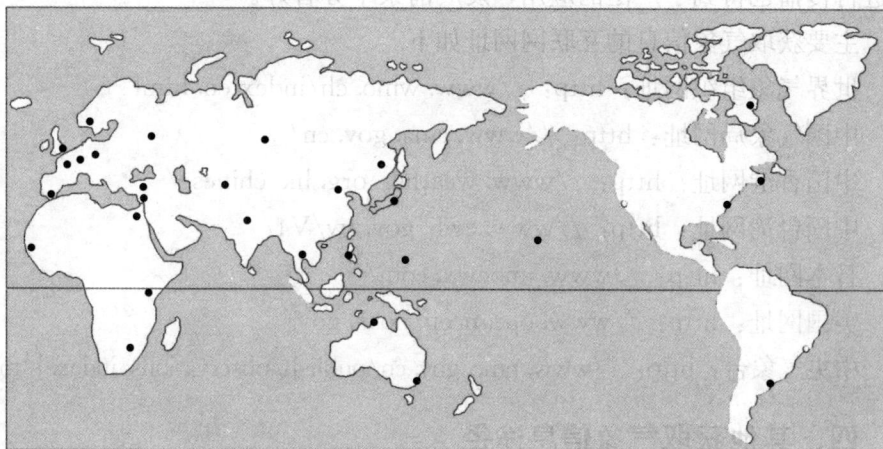

图 11-2　世界各地主要气象广播站分布示意图

二、海上天气报告和警报的获取

海上天气预报和警报的获取可以通过相关国家的海岸无线电台获取。相关国家的海岸无线电站的播报海域范围不同。

海岸无线电台，例如，我国大陆的大连台、上海台、广州台；香港台，我国台湾的基隆台、花莲台和高雄台等，每天定时用中、英文明码电报向国内外商船转发海上天气报告和警报。

其中我国上海台负责播报的海域为：渤海、渤海海峡、黄海北部、黄海中部、黄海南部、东海北部、东海南部、台湾省北部、台湾海峡、济州、长崎、鹿儿岛、琉球、台湾省东部。

日本东京气象厅 JMC 天气报告的范围覆盖西北太平洋（范围 A），包括日本近海（范围 B）。范围 A 为一般警报，范围 B 为紧急警报。

英国共有大小海岸电台 60 个，分设于英格兰、苏格兰、北爱尔兰及英吉利海峡岛屿周围，播报范围有北大西洋，英吉利海峡，北海及比斯开湾等。

南非及留尼汪海岸电台播报范围有南大西洋、南印度洋及好望角等。

美国是世界上设置海岸电台最多的国家，电台分别设于太平洋沿岸、墨西哥湾沿岸及大西洋沿岸，播报范围东大洋，西大西洋及加勒比海墨西哥湾等。

三、互联网站气象信息的获取

近年来随着互联网（www）的飞速发展，各种海洋气象资料通过互联网进行传播也得到了广泛的应用，发展前景十分看好。

主要获取气象信息的互联网网址如下。

世界气象组织网址：http：//www. wmo. ch/index en. html

中国气象局网址：http：//www. cma. gov. cn/

中国香港网址：http：//www. weather. org. hk/chinese/

中国台湾网址：http：//www. cwb. gov. tw/V4/

日本网址：http：//www. imocwx. com/

美国网址：http：//www. opc. ncep. noaa. gov/

中央气象台：http：//www. nmc. gov. cn/publish/observations/index. htm

四、其他获取气象信息途径

天气预报和警报除通过海岸电台（NAVTEX）播发以外，近年来又开辟了一条新途径，从 1988 年开始国际上采用全球海上遇险与安全系统（GMDSS）。通过国际海事卫星向船舶发布气象警报和预报，是现代化GMDSS 系统功能的一个组成部分。

在港口附近，还可以通过无线电广播、电视、报纸、电话、VHF 或国际信号旗等多种方式获取天气报告或警报。

五、船舶分析和应用气象信息

1. 天气报告的内容

各岸台均按统一规定的格式和内容编发报文，完整的报文由 10 部分组成，通常船舶只抄收前面第一到三部分内容。

（1）第一部分　警报（如大风、风暴、热带气旋、浓雾警报等）。

（2）第二部分　天气形势摘要（高压、低压、锋、热带气旋等天气系统的位置、强度、移向、移速等）。

（3）第三部分　海区天气预报（天空状况、天气现象、风力、风向、浪级等）。

2. 天气报告的阅读和应用

阅读天气报告时应注意广播台名称、广播时间、有效时间（世界时或地方时）和受重要天气系统影响的海域。了解不同岸台报文的习惯用法、风格和常用缩略语（如有的报文不分段落，无标点符号，甚至省略谓语动词等）。

阅读天气报告后应明确以下两个问题。

① 目前船舶所在海域处于何天气系统及该系统的何部位控制。目前天气状况是该系统控制下的一般天气还是包括地方性特殊天气；该系统是新生的还是趋于加强或减弱，或是稳定少变等。

② 未来的天气形势和天气状况。在未来 24 h 内，推算船位附近海域将处于何系统及该系统的何部位控制，在该系统控制下将出现什么样天气。

第三节　气象传真图概述

一、世界气象传真广播台概况

各气象传真广播台使用的呼号、频率、广播时间和节目内容等可在每年印发的英版《无线电信号表》第三卷（《Admiralty List of Radio Signals》Vol. 3）查到。

二、气象传真图的种类

适合航海使用的气象传真图主要有以下三大类。

（1）传真天气图　地面分析图（AS）、地面预报图（FS）、高空分析图（AU）和高空预报图（FU）。

（2）传真海况图　波浪分析图（AW）、波浪预报图（FW）、表层海流图（SO，FO）、表层海温图（CO，FO）和海冰状况图（ST，FI）。

（3）传真卫星云图　红外（IR）和可见光（VIS）云图。

三、气象传真图的图题（Heading）

气象传真图的图题一般采用格式：

$TTAA_{(ii/iii)}$	CCCC	
YYGGggZ	MMM	JJJJ
…	…	…

其中　TT——图类代号（见表 11-1）；

　　　AA——图区代号（见表 11-2）；

　　ii/iii——同类资料图的区分代号，常用 2～3 个数字表示，2 个数字常表示预报时效或等压面高度，3 个数字表示等压面高度和预报时效。高空图图题中 ii/iii 所代表的含义详见

表 11-3；

CCCC——传真台呼号，各传真台有固定的呼号，如北京台为 BAF，东京一台为 JMH；

YY——日期；

GG——时；

gg——分；

Z——世界时 Zebra Time 的缩写，有时则用 GMT 表示世界时；

MMM——月份的缩略形式；

JJJJ——年；

…——其他说明。

表 11-1　常用传真图图类别代号

代　　号	说　　明
A（Analysis）	分析图：
AS	地面分析 Surface analysis（sfcanal）
AU	高空分析 Upper-air analysis
AW	海浪分析 Sea wave analysis
F（Forecast）	预报图：
FS	地面预报 Surface prognosis（forecast）
FU	高空预报 Upper-ari prognosis
FB	重要天气预报 Significant weather charts
FE	中期预报 Extended forecast chart
FW	海浪预报 Wave prognosis

表 11-2　常用传真图图区代号

代号	说　　明	代号	说　　明
AA	南极 Antarctic	CH	智利 Chile
AC	北极 Arctic	CI	中国 China
AE	东南亚 Southeast Asia	CN	加拿大 Canada
AF	非洲 Africa	CU	古巴 Cuba
AG	阿根廷 Argentian	DL	德国 Germany
AS	亚洲 Asia	DN	丹麦 Danmark
AU	澳大利亚 Australia	EA	东亚 East Asia
BS	白令海 Bering Sea	EC	东海 East China Sea

（续）

代号	说　明	代号	说　明
EU	欧洲 Europe	PH	菲律宾 Philippines
FE	远东 Far East	PN	北太平洋 North Pacific
FR	法国 France	PS	南太平洋 South Pacific
GA	阿拉斯加湾 Gulf of Alaska	SA	南美 South America
GM	关岛 Guam	SJ	日本海 Sea of Japan
HW	夏威夷群岛 Hawaiian Islands	SS	南海 South China Sea
IO	印度洋 Indian Ocean	XE	东半球 Eastern Hemisphere
IY	意大利 Italy	XN	北半球 Northern Hemisphere
LU	阿留申群岛 Aleutian Islands	XS	南半球 Southern Hemisphere
KA	加罗林群岛 Caro Line Islands	XT	热带地区 Tropical Belt
NA	北美 North America	XW	西半球 Western Hemisphere
NT	北大西洋 North Atlantic	XX	其他代号不适用时 for use when other designators are not appropriate
PA	太平洋 Pacific		

第四节　传真天气图的识读

地面传真天气图（简称地面图）是航海中最常用、最重要的基本天气图之一。地面图又分地面（实况）分析图（AS）和地面预报图（FS）两种。另外，还有热带气旋警报图（WT）、高空分析图（AU）和高空预报图（FW）也常用到。

一、地面（实况）分析图（AS）

地面分析图每隔 6 h 一次，其图时分别为世界时 0 000Z、0600Z、1200Z、1800Z（对应北京时 0800 时、1400 时、2 000 时和0200 时）。

下面结合日本东京 JMH 台发布的气象传真图（图 11-3），说明图中的主要内容、常用符号和英文缩写等的含义。

1. 图题
第一个 AS 为图类代号，表示为地面分析。

第二个 AS 为图区代号，表示为东亚和西北太平洋区域。

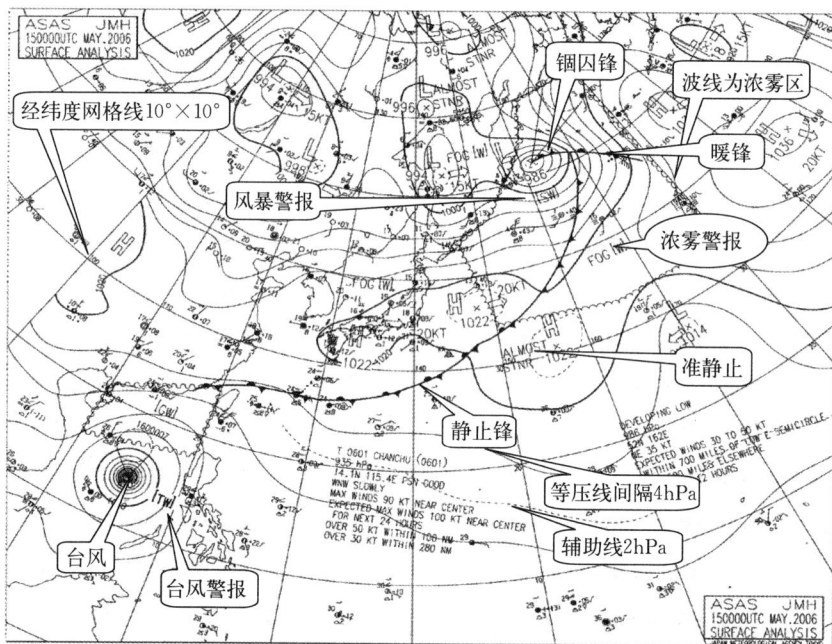

图 11-3　日本东京 JMH 发布的地面传真天气图

JMH 为传真台呼号，表示东京一台。

第二行表示图时（世界时）。

第三行为图类的英文全拼。

注意：实况分析图的图时为图上资料的观测时间，而非收图时间。

2. 单站填图资料

在站圈周围相应的位置上，保留了：气温（TT）、3 h 气压变量和气压倾向（±PPa）、现在天气现象（WW）、过去天气现象（W）、风向（dd）、风速（ff）、总云量（N）、低云量（N_h）和高、中、低云状（C_H、C_M、C_L）。

3. 气压系统的分布

实线为等压线，相邻两等压线间隔为 4 hPa。

虚线为辅助等压线，与相邻实线等压线相差 2 hPa。

加粗线为每隔 20 hPa 加粗一根，如 1 000 hPa、1 020 hPa 等。

（1）普通气压系统

① 高压中心标注"H"，低压中心标注"L"。

② ⊕或×表系统中心位置。

③ ↗10KT箭矢表示系统中心的移动方向，所注数字表示移动速度，单位 kn（KT）；箭矢旁只有 SLW 或 SLY 时，表示有移向，但移速小于 5 kn；无箭矢只标注 STNR 或 QSTNR 或 ALMOST STNR 时，表示系统中心移向不定，移速小于 5kn，为（准）静止系统。

④ NEW 表示新生的气压系统。

⑤ UKN 表示情况不明。

(2) 热带气旋

① TD 为热带低压；TS 为热带风暴；STS 为强热带风暴；T 为台风。

② 热带气旋中心定位精度的三种情况：PSN GOOD 为飞机定位，误差 <20 n mile；PSN FAIR 为卫星定位，误差为 20~40 n mile；PSN POOR 为外推定位，误差>40 n mile。

③ 强风暴（热带风暴等级以上的热带气旋和风力≥10 级的强锋面气旋）移动的表示方法：实线扇形区表示强风暴未来的移动方向，扇形前面的虚线圆表示气旋中心可能到达的位置，气旋中心进入虚线圆的概率为 70%，虚线圆又称为风暴中心预报位置的概率圆。概率圆边上的数字表示预报日期和时间。

强风暴的进一步说明：图的空白处列有一段或几段英文简报作更具体的说明。

4. 锋

▲▲▲ 冷锋；◠◠◠ 暖锋。

5. 警报

〔W〕为一般警报（warning），表示风力≤7 级，或有必要警告提防大雾等情况。

〔GW〕为大风警报（gale warning），风力 8~9 级。

〔SW〕为风暴警报（storm warning），风力≥10 级（对热带气旋，则指风力 10~11 级）。

〔TW〕为台风警报（typhoon warning），风力≥12 级。

〔WH〕为飓风警报（hurricane warning），风力≥12 级。

〔WO〕为其他警报（other warning）。

FOG〔W〕为浓雾警报，海面水平能见度<1 km（或 0.5 n mile）。

用锯齿状折线标出大风或浓雾警报海域的大致边界，以提醒船舶注意。

6. 其他文字符号说明

PSN GOOD：定位误差小于 20 n mile，飞机定位。

PSN FAIR：定位误差 20～40 n mile，卫星定位。

PSN POOR：定位误差大于 40 n mile，外推定位。

DEVELOPING LOW：正在发展的低压。

DEVELOPED LOW：已发展的低压。

UPGRADED FROM：由……升级为……。

DOWNGRADED FROM：由……减弱为……。

7. 填图格式

陆地测站填图格式

TT：气温。

WW：现在天气现象。

VV：能见度；TdTd：露点温度。

CH、CM、CL：高、中、低云状。

N、Nh：总云量、低云量。

h：低云高。

dd、ff：风向、风速。

PPP：海平面气压。

PP：3 h 变压。

a：3 h 气压倾向。

W：过去天气现象。

RR：降水量。

8. 地面图分析项目

等压线：我国间隔为 2.5 hPa；英、美、日等国间隔为 4 hPa。

高低压中心：我国用 G、D；英、美、日等国用 H、L。

地面锋线：冷锋、暖锋、静止锋和锢囚锋。

天气现象：降水绿色；雾为黄色；大风和沙尘为棕色。

在传真天气图上用折线勾画出大风和浓雾的范围。

9. 等高面和等压线

地表面气压的分布情况称为气压场。气压在空间分布称为空间气压场，海平面上的气压分布称为海平面气压场。气压相等的各点的连线，称为等压线。将同一时刻各个气象台、站所观测到的海平面气压值填在一张海平面高度的地图上，然后用平滑的曲线把气压相等的点连结起来，就可用等压线的不同形式表示海平面的气压分布状况，这种图称为等高面图。如图 11-4 所示为等高面图上绘制的等压线。

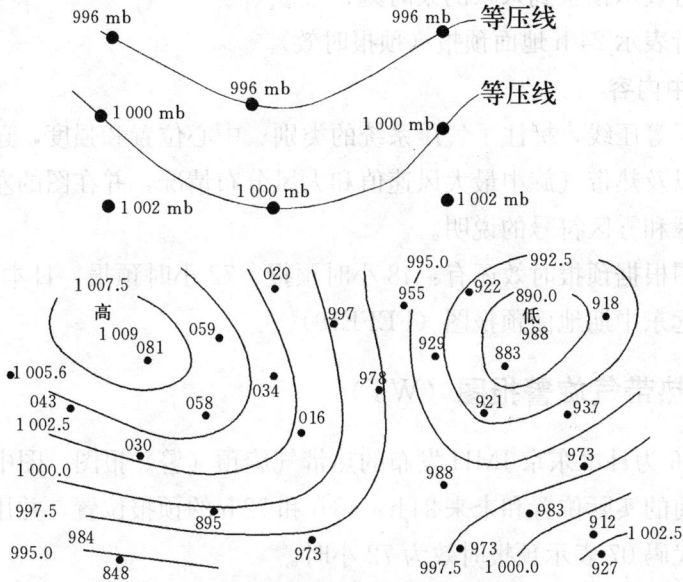

图 11-4 等高面图上绘制的等压线

二、地面预报图（FS）

以图 11-5 说明图中各项内容。

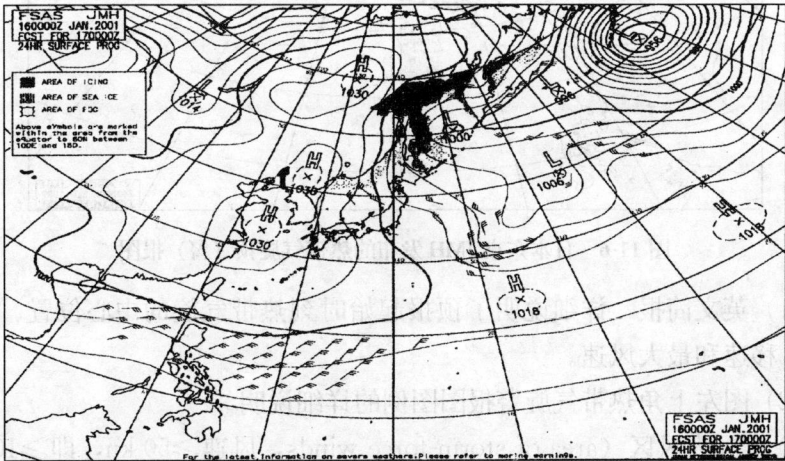

图 11-5 地面预报图

1. 图题

第一行 FS 表示地面预报，其他符号的含义同地面分析图；

第二行图时表示预报起始时刻；

第三行表示预报到未来的某时刻；

第四行表示 24 h 地面预报（预报时效）。

2. 图中内容

绘出了等压线，标注了气压系统的类别、中心位置和强度，还有锋的类别、位置以及热带气旋中最大风速值和大风分布情况，并在图的左上部方框中给出冰区和雾区符号的说明。

预报图根据预报时效还有：48 小时预报、72 小时预报，日本东京 JMH 台发布的远东中期地面预报图（FEFE19）。

三、热带气旋警报图（WT）

图 11-6 为日本东京 JMH 发布的热带气旋预（警）报图。图中给出了热带气旋当前的实际位置和未来 24 h、48 h 和 72 h 的预报位置，并用三种圆来表示，如代码 07 表示预报时效为 72 小时。

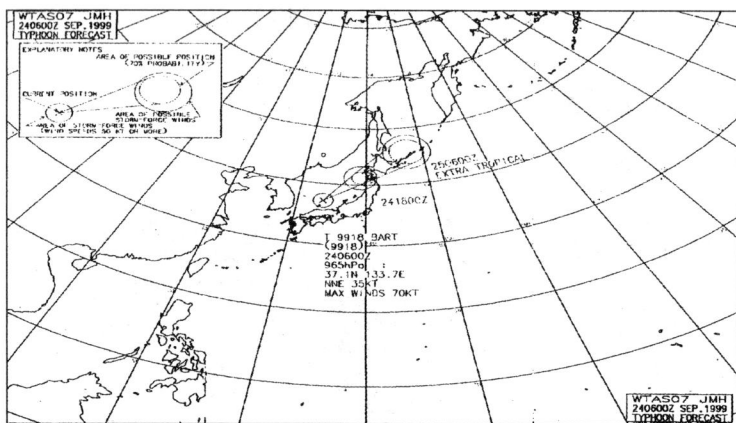

图 11-6　日本东京 JMH 发布的热带气旋预（警）报图

（1）英文简报　详细说明了预报起始时刻热带气旋的中心位置、强度、移向、移速和最大风速。

（2）图左上角热带气旋警报图图例的详细说明

① 实际大风区（area of storm-force winds，风速≥50 kn，即≥10 级）：以热带气旋中心当前位置"×"为中心的实线圆，圆外风力小于 10 级。

②预报概率圆：虚线圆，表热带气旋中心未来 12 h、24 h、48 h、72 h 可能落入的范围（area of possible position），实际落入圆中的概率为 70%。

③（≥10 级）大风警（预）报区（area of possible storm-force winds）：热带气旋中心预报位置概率圆外的实线同心圆表示，预计该圆内某些部位未来可能受≥10 级大风的影响。

四、高空图

1. 高空分析图（AU）

图区代号后面常紧跟有 2～3 个阿拉伯数字，用以表示不同高度和时间。通常两个数字表示等压面高度，如 50 表示 500 hPa，70 表示 700 hPa，85 表示 850 hPa；3 个数字表示等压面高度与预报时效，其中前面数字表示高度，后面数字表示时效，如 852 表示 850 hPa 24 h 预报，704 表示 700 hPa 48 h 预报，512 表示 500 hPa 120 h 预报等（表 11-3）。

表 11-3　高空图数字代号表

代号	等压面和预报时效	代号	等压面和预报时效
85	850 hPa	509	500 hPa 96 h 预报
70	700 hPa	512	500 hPa 120 h 预报
50	500 hPa	514	500 hPa 144 h 预报
30	300 hPa	516	500 hPa 168 h 预报
852	850 hPa 24 h 预报	519	500 hPa 192 h 预报
702	700 hPa 24 h 预报	302	300 hPa 24 h 预报
502	500 hPa 24 h 预报	787	700 hPa 垂直速率和 850 hPa 湿度 72 h 预报
504	500 hPa 48 h 预报	789	700 hPa 垂直速率和 850 hPa 湿度 96 h 预报
507	500 hPa 72 h 预报		

实线为等高线，两相邻等高线的间隔英、美、日等国间隔 60 位势米；我国间隔 40 位势米（在每条线上均须标明位势米的千、百、十位数，并规定：在 850 hPa 图上画…，144，148，152 等高线；在 700 hPa 图上画…296，300，304 等高线；在 500 hPa 图上画…，496，500，504 等高线）；高、低气压中心分别标注 H 和 L。

虚线为等温线，两相邻等温线间隔 4℃；冷、暖中心分别标注 C 和 W。

2. 高空预报图（FW）

内容同高空分析图，除单站资料外。

3. 图例

（1）500 hPa 高空天气图　如图 11-7 所示。

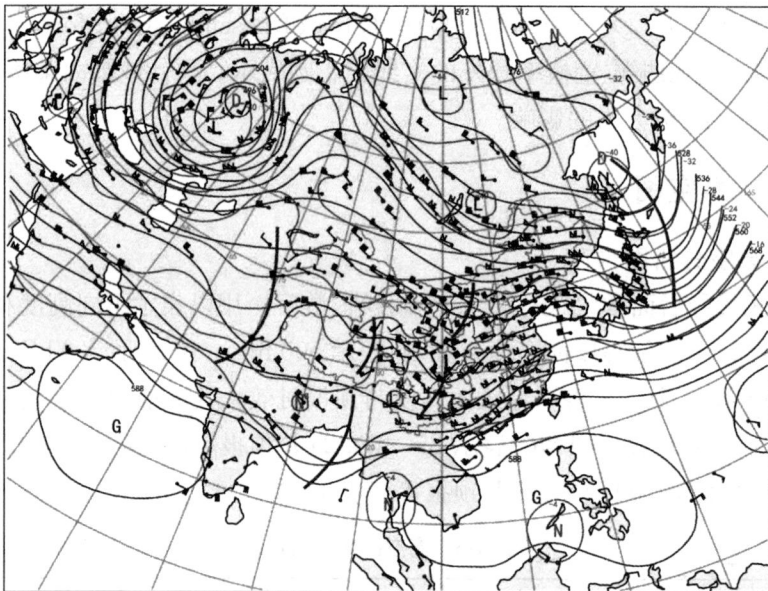

图 11-7　500 hPa 高空天气图

（2）700 hPa 高空天气图　如图 11-8 所示。

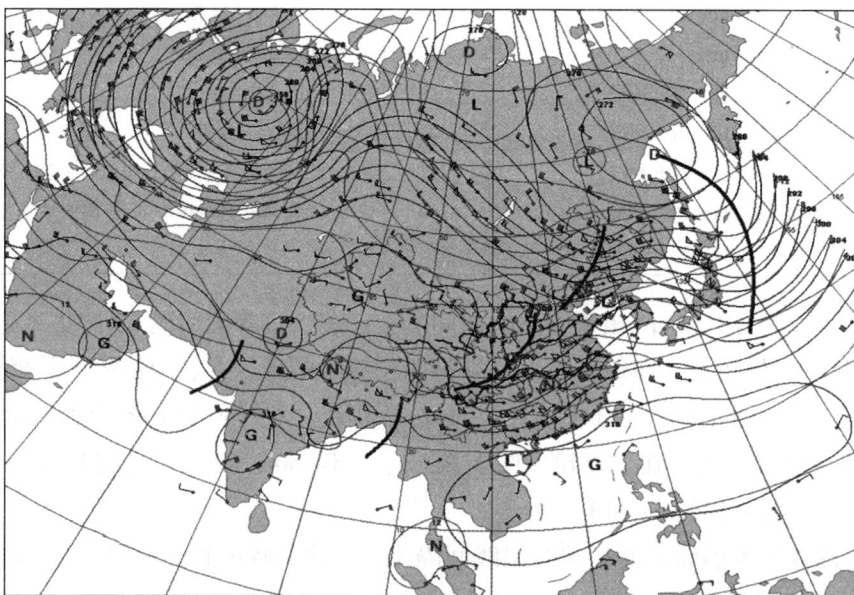

图 11-8　700 hPa 高空天气图

(3) 850 hPa 高空天气图 如图 11-9 所示。

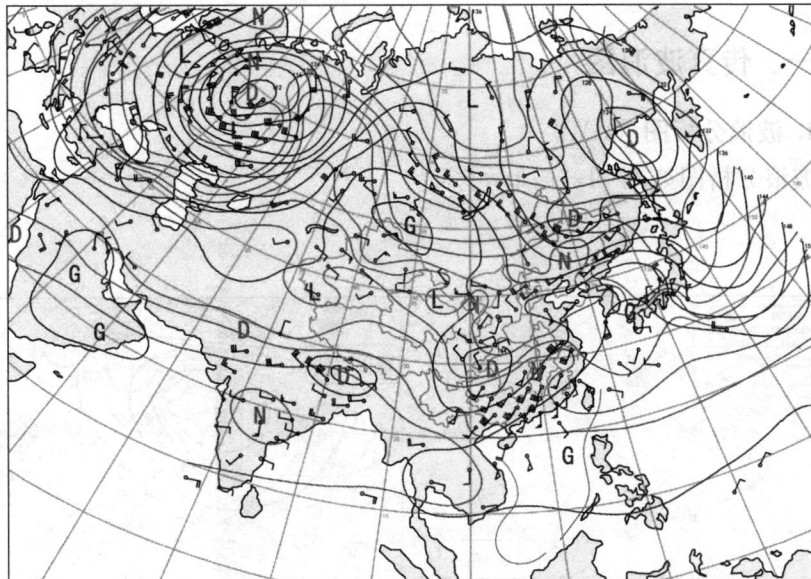

图 11-9 850 hPa 高空天气图

4. 高空图填图格式

高空分析图（等压面图）如图 11-10 所示。

TT 为气温。

HHH 为等压面位势高度。

T-T$_d$ 为气温露点差。

dd 为风向。

ff 为风速，以"箭羽"的长短及多少表示风速

大小，如"×× kn"（节，国际），"×× m/s"

（米每秒，我国）。

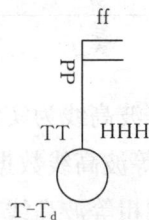

图 11-10 高空分析图

5. 高空图分析项目

(1) 等高线 我国每隔 40 位势米画一条；英、美、日等国每隔 60 位势米画一条。

(2) 等温线 我国间隔 4 ℃；英、美、日等国间隔 6 ℃。

(3) 槽线 等高线曲率最大处的连线。西风带中槽有竖槽、横槽；东风带中还存在倒槽。

(4) 切变线 风场的不连续线。

第五节　传真海况图的识读

一、传真波浪图

1. 波浪分析图（AW）

波浪分析图如图 11-11 所示。

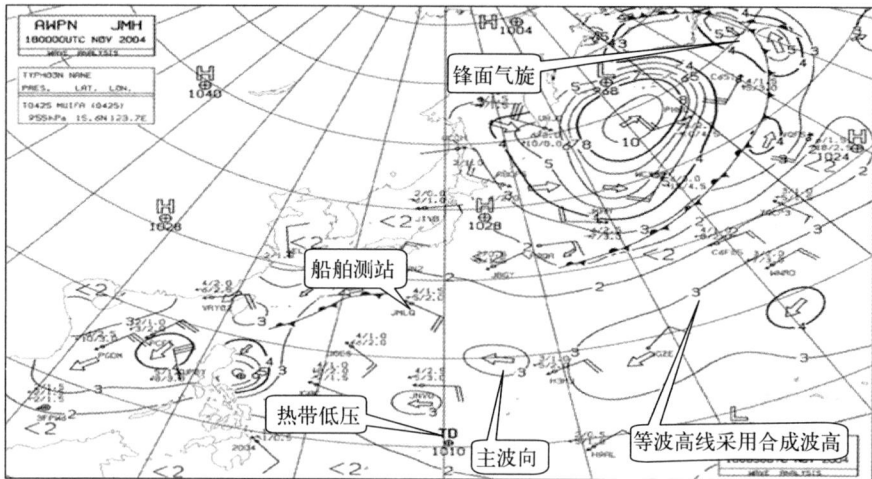

图 11-11　波浪分析图

等波高线为实线［单位：米（m）］，2 m 起画，两相邻等波高线间隔为 1 m；等波高线数据是合成波高（H_E）。

加粗等波高线，为醒目起见，从 4 m 等波高线开始，每隔 4 m 加粗一根，如 4 m、8 m 等。

主波向为几列波并存时波高最大者的传播方向。

乱波区用虚线勾勒。

观测船观测的实况为风向、风速、风浪向、风浪高、风浪周期、涌浪向、涌浪高和涌浪周期，填图格式和图例。

天气形势的标注：高、低气压中心位置、强度及锋线位置；热带气旋中心位置，名称、中心气压和中心位置的具体经纬度（图左上部图题下的方框内）。

绘制等波高线所依据的数据是风浪高（H_W）与涌浪高（H_S）两者的合

成波高（H_E）：

$$H_E = \sqrt{H_W^2 + H_S^2} \qquad (11\text{-}1)$$

式中　H_W，H_S——海上观测船分别目测得到的平均显著波高。

2. 波浪预报图（FW）

波浪预报图见图 11-12。

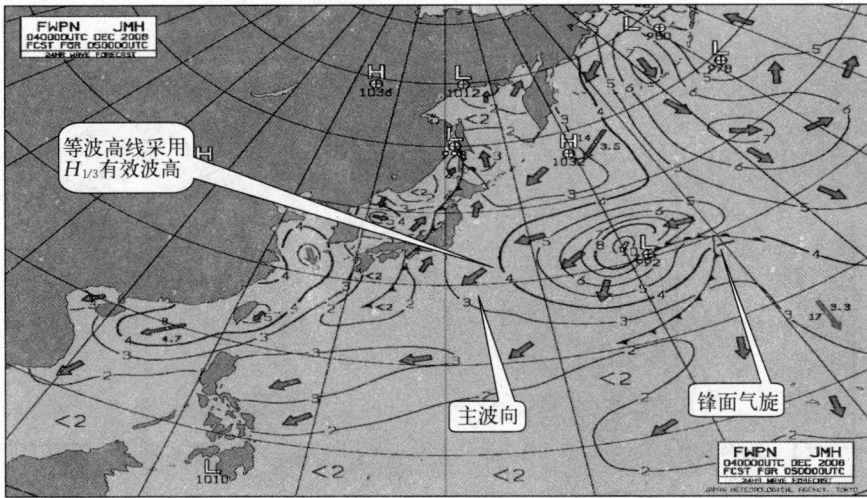

图 11-12　波浪预报图

等波高线为实线［单位：米（m）］，等波高线的数值为有效波高（$H_{1/3}$），根据海浪理论计算出。

主波向及个别地点主波的波高和周期。

高、低气压、热带气旋的中心位置、强度以及锋线位置等。

标绘技术规定同分析图。

我国海浪预报时效为 24 h。世界各国发布的波浪预报时效多为 24～36 h，最长为 72 h。

二、传真海流图

海流一般变化缓慢，比较稳定，因此传真海流图的时间间隔比天气图要长得多。常见的有旬和月两种海流图，其中又有海流实况图和海流预报图之分。

1. 海流实况图（SO）

海流实况图是根据上个旬（或上个月）的海流实测资料绘出的图。图
11-13 为东京 JMH 台发布的 1989 年 7 月中旬的表层海流图。图中箭矢表示
流向，不同形式的箭杆表示不同流速，粗箭头表示海流的主轴位置、水平范
围和流速分布等情况。图中还标出黑潮与亲潮的主轴位置、水平范围和流速
分布情况。

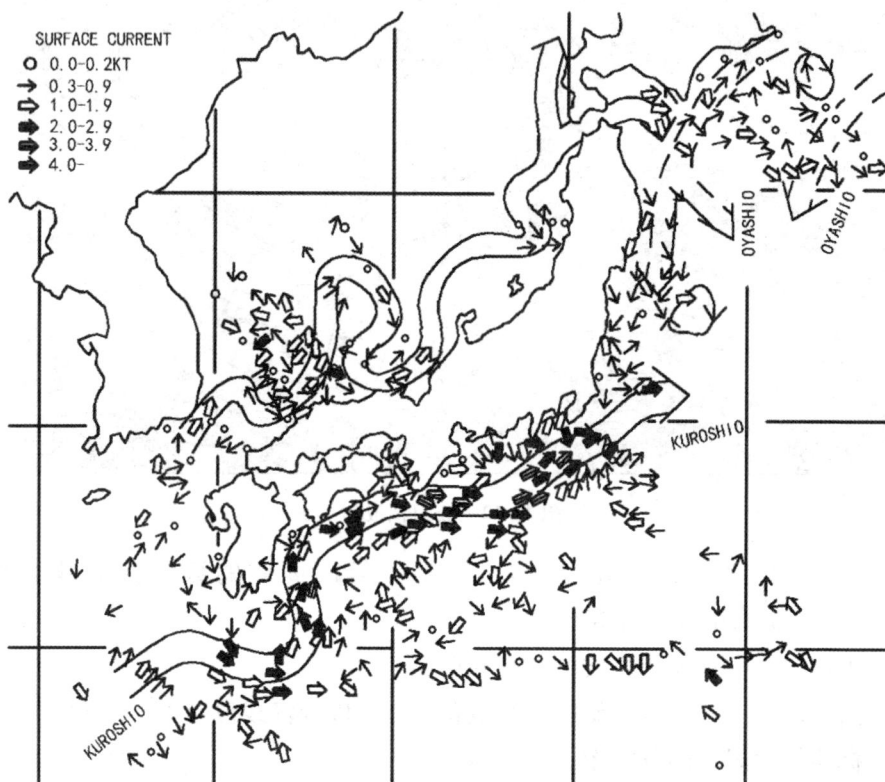

图 11-13　传真海流图

2. 海流预报图（FO）

图 11-14 为东京 JMH 台发布的 1990 年 4 月上旬北太平洋表层海流预报
传真图。图中粗矢线和其中数字表示主轴的推算位置和流速（kn），细实线
为该旬表层海水等平均温度线，单位为℃。

海流传真图比根据多年海流资料绘出的旬、月海流气候图更接近实际
情况，对航海有更高的参考价值。例如，远洋航行的船舶可以利用近期的

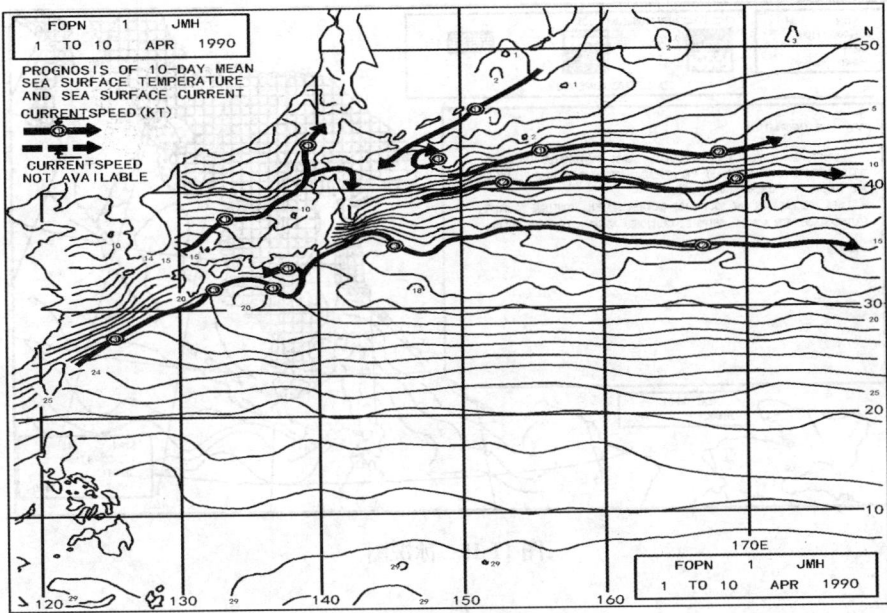

图 11-14 海流预报图

海流传真图精细地调整航线,顺流时尽量将航线选在主轴位置附近,逆流时则尽量避开主轴位置,或从两个主轴之间逆流速度相对较小的区域通过。

三、传真海温图

等温线间隔为 1 ℃,为醒目起见,0 ℃、5 ℃、10 ℃、15 ℃、20 ℃、25 ℃等为加粗线。

四、传真冰况图 (ice condition chart)

目前发布冰况图的传真广播台有日本东京、瑞典斯德哥尔摩、德国奎克博恩、英国布拉克内尔和加拿大哈利法克斯等。冰况图中简单地表示冰量、冰块的位置和可能通航的航道。图中还绘有海面等水温线,相邻两根等水温线间隔 1 ℃(如图 11-15 所示)。

加拿大哈利法克斯广播的格陵兰巴芬湾附近的冰况图中符号说明如下。

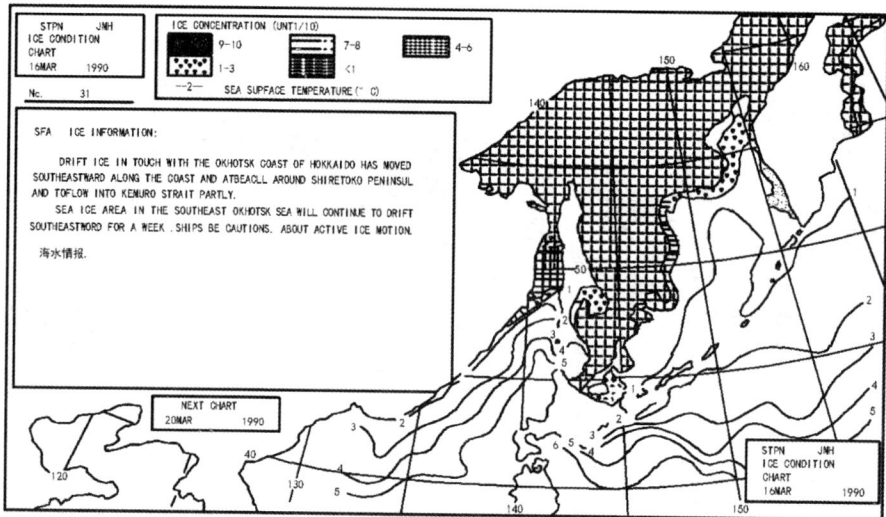

图 11-15 冰况图

① 冰的密集状态：

$$\frac{C_n}{n_1，n_2，n_3} \tag{11-2}$$

式中 C_n——密集状态 concentration 的英文缩写，为指示符；

　　　n_1——小的碎冰和破裂的冰（用数字 1～10 表示）；

　　　n_2——小、中冰盘（用数字 1～10 表示）；

　　　n_3——大冰盘与大面积冰（用数字 1～10 表示）。

② 冰面上的融解状态：

$$\frac{P_d}{\text{dominant \ condition}} \tag{11-3}$$

式中：P_d——融冰状况 puddles 的英文缩写，为指示符；

横线下用 F、R 及数字 1～10 表示冰面冻结程度，例如 $\dfrac{P_d}{F}$、$\dfrac{P_d}{R}$、$\dfrac{P_d}{2}$ 分别表示冰面融水全部冻结、冰面融水冻结不佳、冰面融水冻结占表面积的 2/10，以此类推。

③ 冰的形式：

⋀⋀⋀⋀⋀ 为起伏状冰。

∧∧∧∧∧ 为脊状冰。

∩∩∩∩∩ 为丘状冰。

④ 海面状况：

╱╲╱　为龟裂冰。

╱╱　为流冰。

◯　为被冰包围的海域。

⑤ 陆源冰：

▲为较多漂流海上。

△为较少漂流海上。

日本 JMH 台发布西北太平洋 2 天（48 h，图题 FIOH04）和一周（168 h，图题 FIOH16）的冰况预报图。

第六节　传真卫星云图

卫星云图分析包括四个部分：① 云图的识别，即从云图上识别各种云和地表面的物体；② 根据云图上云的大范围分布特征找出天气图上对应的各种系统；③ 利用卫星云图追踪系统的移动和发展；④ 从云图推论风和其他气象要素的分布。

一、卫星云图的识别

1. 卫星云图种类的识别

（1）可见光云图（Visible Satellite Image，VS）

可见光云图又称电视云图。

在可见光波段，卫星观测仪器感应云或地表面对阳光的反射差异，图片上黑白差异表示云或地面的反照率大小，白色表示反照率大，黑色表示反照率小。通常云层越厚，反照率越大，颜色越白。阳光的照明条件相同时，同样厚度的云，水滴云比冰晶云亮（图 11-16）。

（2）红外云图（Infrared Satellite Image，IR）

在红外云图上，最黑的地区代表最暖的表面，最白的地区代表最冷的表面。根据色调的差异可以判断云顶的高低：色调白，温度就低，表示云顶高度高；色调黑，温度就高，表示云顶高度低（图 11-17）。

2. 卫星云图上云的识别

根据云图上图像范围大小、结构形式、边界状况、色调、暗影和纹理这六方面基本特征，来识别和判断云的种类、云系和其他物象。

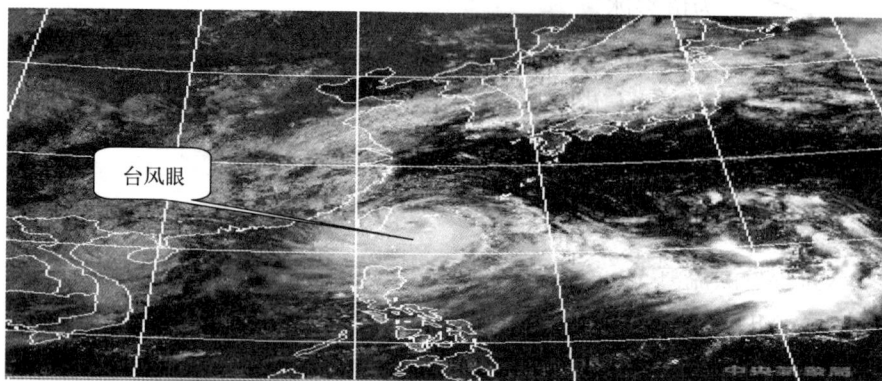

图11-16　气象卫星图——可见光云图

图11-17　气象卫星云图——红外云图

二、重要天气系统的识别和跟踪

1. 热带气旋

在卫星云图上，热带气旋为白色的涡旋状云系。

涡旋状云系由两部分组成：系统中心周围的浓密云区（或称密闭云区），浓密云区中的黑色无云区或浅黑色少云区为眼区；由外围旋向系统中心的弯曲或呈螺旋形的云带。

当云图上热带气旋云系形状呈"9"时，表明热带气旋向西移动；当云系形状呈"6"时，表明热带气旋向东北方向移动（北半球）。

2. 冷锋

在卫星云图上，冷锋锋区表现为一条长几千千米、宽二三百千米的白色云带。

3. 暖锋

在卫星云图上，暖锋云区表现为长几百千米、宽 300～500 千米的短而宽的带状云区。

4. 锋面气旋

锋面气旋处于波动阶段时，云系模式的主要特征是没有涡旋状结构。成熟阶段的云系模式的主要特征是，在靠近气旋移动方向的一侧有一条条卷云线，向外呈辐射状，这是气旋发展的标志，并且在中、高云区的后部边界表现出凹向低压中心的曲率，是即将出现干舌的前兆。锢囚阶段的云系模式，其典型特征是云系中出现明显的螺旋状结构，在锋面云带后面出现干舌（即无云区），并逐渐伸向气旋中心。进入消亡阶段的锋面气旋，其云系特征是原涡旋云带断裂，断裂处无云。

5. 副热带高压

在卫星云图上，副热带高压表现为一大片暗的无云或少云区，其南北两侧均为多云区（白色多）。无云区边界一般很清楚，大致与 500 hPa 图上 588 位势米等高线一致。

副热带高压区色调很黑，碧空无云，说明副热带高压区内下沉运动很强；

当副热带高压减弱时，副热带高压区颜色将变淡，表明内部云系增加。

第七节　气象传真图的应用

一、海上天气分析和预报

1. 明确目前天气形势和状况

根据地面分析图明确目前大范围以及船舶所在海区的天气形势和天气状况。

2. 恶劣天气的推报

在船舶条件下，可以直接利用所接收的地面预报图、警报图等，再结合对地面分析图分析，来推报恶劣天气的变化趋势。

3. 开阔海面上风的推算

在地面预报图上，一般不给出具体风场的预报。在这种情况下，若船舶需要知道推算船位上具体的风速和风向，则可利用地面预报图来进行。

下面介绍计算开阔海面某点风的方法。

（1）先计算地转风

方法 1　利用地转风尺；

方法 2　利用简化的地转风公式。

具体计算步骤为：

① 通过该点作相邻两根等压线的公垂线 BC，以纬距为单位量出线段 BC 的距离 Δn，B、C 两点的气压差 $\Delta P = 4$ hPa。

② 水平间隔 1 纬距上的气压差（即水平气压梯度）$\Delta P' = -\Delta P/\Delta n = 12/5.6 \approx 2.1$（hPa/纬距）。

③ 将②求出的值和纬度 Φ 代入简化的地转风公式 $V_g = 4.78(\Delta P')/\sin\phi$ 中，计算得该点的地转风速 V_{gA}（m/s）。

由白贝罗风压定律可知 A 点处的地转风向为西南风。

（2）再计算海面风

根据经验公式 $V = 65\% V_g$，求得该点处的海面风速。

中纬度海面风向与等压线（即与地转风向）交角为 $10° \sim 20°$，可判断海面风向。

二、利用地面预报图和表层水温图测报海雾

船舶航行在海雾多发区域时，除连续接收地面预报图外，还应接收表层水温图，从而了解是否存在形成雾的冷海面条件，以利于船舶对海雾发生的可能性、大致位置、浓淡等雾情进行分析和预测。

船舶还可利用现场观测资料进一步测算海雾的生消趋势，测算方法有以下两种。

（1）干湿球温度表法

干球温度表读数高于湿球温度表读数，并且两者的差值向增大的趋势发展时，则不会出现雾；若差值越来越小，则表明向成雾的趋势发展，当两表读数相同或接近相同时就会出现雾；雾形成后，若干湿球温度表的读数差又开始增大时，雾趋向消散。

（2）露点水温图解法

将船舶沿途每隔几小时连续观测到的露点温度 t_d 和表层海水温度 t_w 值，在同一张图上点绘出两条曲线，则可根据图中两条曲线之间的距离变化来判断海雾的生消趋势。

水温高于露点温度且两曲线的间距增大时，不可能有雾；若两条曲线的间距越来越小，则成雾的可能性增大，当两曲线相交并且露点温度高于水温时，雾就快产生了。雾形成后，若水温高于露点温度且两曲线的间距增大时，则表明雾将趋于消散。

第十二章　气象传真接收机的使用

以 FAX 408 气象传真机操作规程为例介绍气象传真接收机的使用。

1. 设置气象传真发播台频道进行自动接收

世界各国气象传真发播台频道可在操作说明书的 "FACSIMILE STA-TION TABLES" 或者在英版《无线电信号表》每年第三卷中查阅。频道由 3 位数字组成，其中第 1，2 位数字为发播台频道号（如 C00 为日本东京台），第三位数为发播台频率号，当第 3 位数选择 "∗" 号时，表示选择发播台所有频率。在每次修改完发播台频率后，应及时更新表中的内容。

① 按【CH】键调出频道显示模式。

② 按【∧】【∨】键选择 3 位数的气象传真发播台频道。

③ 也可按【CH】，再用数字键直接输入 3 位数的接收频道。当第 3 位数选择 "∗" 号时，表示选择发播台所有频率进行扫描接收。如选择日本东京台 "C00∗" 频道表示选择日本东京台所有频率进行扫描接收。

④ 当日本东京台的任一频率开始发播气象图时，接收机即自动启动并打印。

2. 设置气象传真发播台频道进行手动接收

①至③ 操作同自动接收设置。

④ 按【RCD】启动接收，此时显示 "MANUAL START SERCHING FRAME" 且【RCD】黄灯闪，如果还没开始记录再按一次【RCD】，【RCD】灯不闪而是直亮。

⑤ 按【RCD】停止记录且【RCD】灯灭。

3. 设置定时接收时间

① 按【PRG】键显示设置模式（setting mode）。

② 按【2】键调出定时接收设置模式。

③ 按【4】键选择 "STR"，并调出 "存储定时接收" 设置。

④ 用【▲/▼】键选择定时编程号，如 R1（有 16 个定时编程号选择，

按顺序分别为 R0 R9，RA RF)，然后按【E】键确认，并调出定时接收的发播台"频道选择"设置。

⑤ 输入定时接收的发播台 3 位数频道号，然后按【E】键确认。

⑥ 用【▲/▼】键选择定时接收日期（其中"＊"表示每天定时接收），然后按【E】键确认。

⑦ 输入定时接收的起始和停止时间（两个编程号的定时间隔必须至少 1 min)。

⑧ 按【E】键确认，按【C】键退出定时编程。

⑨ 设置另一个定时时间重复步骤①至⑧项。

4. 启动定时接收

① 按【PRG】键和【2】键进入定时接收设置模式。

② 按【2】键选择"ON"，调出"定时接收"选择。

③ 用【▲/▼】键选择选择已设置的定时编程号，按【>】键激活定时接收。

④ 重复第③步可选择激活其他定时。

⑤ 选择完所有定时编程号后按【E】键确认并退出。

5. 更改气象传真发播台频率

当气象传真发播台频率改变时，必须及时更改，并在操作说明书"气象传真发播台频道表"中作相应更改。

① 按【PRG】键，再按【4】键调出"频道编程"设置。

② 输入需要更改的频道号（如 002——东京台，JMH/13988.5 kHz)，按【E】键确认。

③ 用【∧】【∨】【<】【>】键设置台号（如：JMH)，按【E】键确认调出频率设置。

④ 输入更改后的新频率，按【E】键确认。

⑤ 选择合适的速度（1 对应 120 秒，2 对应 90 秒，3 对应 60 秒；正常为 1)，按【E】键确认。

⑥ 选择合适的 IOC（协同指数，1 对应 576 为高密度，2 对应 288 为低密度，正常为 1)，按【E】键确认。

⑦ 按【1】键选择正常图像接收格式（【2】为反格式）。

⑧ 按【E】键确认更改，按【C】键退出。

6. 设置日期和时间

① 按【PRG】键，再按【5】。

② 按【▲/▼】键设置月份，按【E】键确认。

③ 输入两位数字设置日期，按【E】键确认。

④ 用【▲/▼】键选择星期，按【E】键确认。

⑤ 输入两位数的年份，按【E】键确认。

⑥ 输入四位数的时间（24 h），按【E】键确认。

⑦ 按【C】键退出。

第四篇
航海英语

LESSON ONE

VISITING THE FISHING VESSEL

Dialogue

A: Teacher　B: Student　C: Captain

A: Today we are going to visiting the fishing vessel. Are you ready?

B: Yes, Sir. We are ready. Sir, shall we go now?

A: Yes, we'll go right now. When we arrive at the wharf, we'll board the ship immediately, please keep in order.

(Few minutes later, all get on board)

A: Comrades, we are on board of the ship, now let me introduce the Captain of the ship to you. This is the Captain, Mr. Cheng.

C: Comrades, welcome to visit. First of all, I'd like to introduce my officers to you. This is Mr. Wu, the Chief Officer, and he is Mr. Wang, The Chief Engineer, Mr. Liu is absent, because he is on duty now.

The first thing, I want to tell you is the ship's particulars.

The ship was built up in 1972, she is a fishing ship, and can be used for marine fisheries resource research.

Next, I'll tell you the measurement of the ship. The length of the ship is 42 meters; 7.7 meter wide; the average draft is about 3.2 meters. The gross tonnage is 364 tons; net tonnage 178 tons; carrying capacity 100 tons.

The ship is installed diesel engine, and has the power 970 kW (1 300 HP); speed 11 knots; a sequence of voyage about 30 days.

B: This is a very good training ship, isn't it?

C: Yes, she is one of the up to date ship and good for training.

B: May we have a look at the open bridge?

C: Certainly, now let's go to the open bridge. Come with me, please.

The open bridge has been mounted a standard compass which is magnetic and a gyro repeater.

Now, please look at the mast, the RDF loop and radar antenna are fitted in there.

B: Shall we go down the wheel house?

C: We'll go there, The wheel house is fitted a lot of steering gears, such as steering compass, gyro repeater, telegraph, wheel, rudder indicator, and also some other modern equipment.

B: Will you please tell us what kind of modern equipment do you have?

C: Well, we have RDF, fish finder, sonar, gyro compass, echo sounding and some other modern instrument which are used for fixing ship position, such as the AIS, radar, GPS and satellite aided navigation. These instrument are placed in the chart room.

B: Where is the chart room?

C: You see, it is just behind you, this is the chart table and all charts are laid in its drawers.

C: Now, we are going to see the living space. Here is the living space, all the living rooms, cabins and also some stores.

The fresh water tank, fuel tank, peak tank and bilge well are in the lower part of the ship.

As a fishing vessel, we also have the fishing gears, working platform, fish holds and refrigerated storage, etc.

C: Comrades, we have just introduced something about the ship's particulars, open bridge, wheel house, living space, equipment and instruments. It can only be considered as the common knowledge of the fishing ship.

Owing to the time limited, we are unable to introduce more information to you, beg your pardon.

Anything else?

A: Captain, we appreciate your introduction, the visit impressed on us deeply. Many thanks for your kindness.

C：Thank you for coming, Goodbye!

B：Goodbye!

Vocabulary

fishing vessel 渔船	RDF（radio derection finder） 无线电测向仪
Captain 船长	loop 环形天线
Chief officer 大副	radar 雷达
Second officer 二副	antenna 天线
fishing ship 渔船	open bridge 露天驾驶台
board 甲板，舷侧，上船	wheel house 操舵室
on board 在船上	steering gear 操舵装置
Chief engineer 轮机长	measurement 度量，尺寸
telegraphy 车钟	length 长度
fish finder 探鱼仪	wide 宽的
sonar 声呐，水平探鱼仪	breath 宽度
echo sounding 回声测深仪	draft 吃水
gross tonnage 总吨位	net tonnage 净吨位
satellite 卫星	carrying capacity 载货量
satellite navigation 卫星导航	diesel engine 柴油机
power 功率	satellite navigation system 卫星导航系统
chart 海图	kW（kilo watt） 千瓦
chart table 海图桌	HP（horsepower） 马力
living space 生活区	speed 速度
cabin 船室，舱室	knot 节
store 储藏室	standard compass 标准罗经
lounge 休息室，文娱室	magnetic 磁性的
fresh water tank 淡水舱	gyro repeater 陀螺罗经复示器，电罗经复示器
fuel tank 油舱	peak tank 尖舱
blige 污水沟，舱底	gyro compass 陀螺罗经，电罗经
mast 桅杆	

LESSON TWO

CALLING THE PILOT STATION

Dialogue

[1]

ON RADIO TELEPHONE

A: Pilot station   B: Calling ship

B: Pilot Station, Pilot station. This is Chinese ship Tian Yuan calling, this is Chinese ship calling. Over, please.

A: Tian Yuan. Tian Yuan, This is Pilot Station speaking, this is Pilot Station speaking. Over, please.

B: We are proceeding to entrance buoy waiting for pilot. Please send a pilot to meet us. Over, please.

A: Well, please reduce your speed, you have to wait for pilot, because we have no pilot available at present. Over.

B: When will the pilot come on board? Over.

A: Pilot will be with you in two and half hours later. Tell us your present postion please. Over.

B: My position is 5 miles off and bearing 065° from entrance buoy. I have a speed of 3 knots (I have reduced my speed to 3 knots) . Over.

A: You may anchor about one mile off and by west side of the entrance buoy waiting for the pilot. Over.

B: Thank you. We'll anchor there and wait for the pilot, out.

A: Tian Yuan, Tian Yuan. This is pilot station calling, this is pilot station calling. Answer me please.

B：Pilot station，Pilot station. This is Tian Yuan speaking. Come in，please.

A：Tian Yuan，Tian Yuan. Pilot will come soon. Please ready to take him on board. Over.

B：We are all ready. Thank you. Where can we take the pilot? Over.

A：If you are not a anchor，you may proceed nearby the entrance buoy to meet him. Over.

B：Thank you very much. Good-bye. Over.

A：Good-bye. Out.

Vocabulary

bearing　方位	pilot　引航员，引水员
calling　呼叫	Pilot station　引航站，引水站
entrance buoy　进口浮筒	supersonic telegraphy　超声波电报通讯
hand message　手递通讯	transmission route　传递路线
visual signaling　视觉通信	network route of communication 通讯网
originator　发送人	voice communication　语音通讯

[2]

THE PILOT

A：Duty officer　　B：Pilot　　C：Captain

A：Are you Mr. Pilot?

B：Yes，good morning.

A：Good morning，Mr. Pilot. I'm the duty officer，our captain is on the bridge waiting for you. I think I shall take you there now. Please come along with me.

B：All right.

A：This is our captain. This is Mr. Pilot.

B：Good morning，Mr. Captain. I'm Smith，the Pilot.

C：Good morning，Mr. Smith.

B：We'll enter the harbour，is your engine ready?

C：Yes，my engine is at stand by.

B：Well，what is your heading now?

C：The ship's heading is two one zero.

B：Is there enough water on the bar?

C：Yes，there is plenty water on the bar.

Can we pass the bar on now?

B：(1) Yes, we can pass the bar now.

(2) No，we shall anchor here to wait for the tide.

(3) No，we must reduce speed to wait for enough water，then we can pass.

C：How long shall we stay here?

B：About two hours and start at ten o'clock.

What is the kind of your engine?

C：Motor diesel (steam turbine, gas turbine) .

B：What is your sea speed? And is your harbour speed?

C：Sea speed thirteen knots and harbour speed seven knots.

B：Heave away the anchor and leave one shackle in water.

C：All right. Weigh anchor and leave one shackle in water.

B：How is the chain leading now?

C：It's leading straight forward and it will be up in a moment.

Can we start the engine now?

B：Yes，you can start your engine now.

C：What speed do you want?

B：Give me five knots please，because the weather is not so clear.

Vocabulary

anchorage　锚地

bar　浅滩，沙州，拦江州

ebb tide　落潮

flood tide　涨潮

fog signal　雾号

gas turbine　燃气轮机

look out　瞭望

neap tide　小潮

shoal water　浅滩，浅水区

slack water　平潮

sounding　测探

spring tide　大潮

steam turbine　蒸汽涡轮机

thick weather　阴天

vicinity of land　靠近陆地，陆地附近

warn　警告，预先通知

LESSON THREE

ENTERING AND LEAVING THE PORT

Dialogue

[1]

GET READY FOR ANCHOR

A: Pilot   B: Captain

A: (1) Captain, please tell the engine room about half an hour we shall anchor.

(2) Captain, please tell the engine room about half an hour we shall arrive at our anchorage.

B: Which anchor do you use? How many shackles do you want?

A: The port (or starboard) anchor. When we use it on one shackle in water and when the chain leading ahead then slack three shackles in water just touch the bottom. Is your port (starboard) anchor ready?

B: It's ready.

A: Let go your port (starboard) anchor! How is the chain leading?

B: The chain is leading ahead.

A: Slack away. Put out easily. Care your chain, don't let it broken by the strong tide.

Please tell me, is the chain too tight? If so we have to touch ahead (kick ahead).

B: The chain is too tight.

A: Slow ahead, let me know when the anchor is brought up.

B: Anchor is brought up.

A: That's all. Screw up and finished the wheel and your engine.

Vocabulary

deteriorate　恶化，变坏

draught　吃水深度

holding ground　锚地底质

holding power　抓力

hull　船壳，船体

kick ahead　慢速前进

procedure　步骤，程序，过程

preliminaries　初步，开始，预备

scruting　细看，细阅，详尽研究

strong tide　强流

touch ahead　慢速前进

[2]

GOING ALONGSIDE A WHARF

A：Pilot　B：Captain

A：Captain，we start at 8 o'clock，I rest in my pilot cabin，please tell quartermaster to call me at 7 o'clock.

B：Pilot station said our berth is ready at 9 o'clock right on time.

A：Good，we will start at 8 o'clock right on time.

Stand by foreside and standby the engine. Please tell chief heave away when it is ready.

B：Any more flag?

A：Hoist berth flag. Stop heaving away，we must wait for that ship to go in first，because her berth is ahead of us.

B：The chain is ahead very tight.

A：Well，slow ahead.

B：Anchor is clear up.

A：Both anchors stand by，ready for use.

B：What time shall we arrive at the berth?

A：About two hours.

B：Which side shall we go alongside?

A：Port (starboard) side.

It is flood tide now，we have to swing the ship first.

B：Where are we going to swing?

A：We are using the port (starboard) anchor for swing.

B：Captain，our berth is changed，because that ship has not left our berth in time, may be something happened, we have to stop our engine to wait for the berth clear.

B: How long shall we arrive at the berth from now?

A: About half an hour.

Stand by starboard (port) anchor, and stand by the heaving line.

Let go starboard (port) anchor.

Hold on, don't slack any more, let the ship drag easily to come alongside.

Send the heaving line to shore, please.

B: The heaving line is sending to shore.

A: When all the line are made fast, try to pick up your anchor. Then tell the engine room finished with the engine.

B: Yes, Sir. Thank you! .

Vocabulary

berth 泊位

berthing hawsers 系缆，系泊缆绳

bodily 整体，全体

breastrope 横缆

clear up 清理好

foreside 船首，船前部

[3]

jetty 码头，栈桥，防波堤

Pick up anchor 起锚

pivot point 支点，中心点

rigidly held 固定不动

square with 垂直于

LEAVING HARBOUR

A: Pilot B: Captain

A: Captain, the tide shall turn soon, if we wait for all work to be finished, it will lose the tide, we are ready for leaving now.

Is the inspection over?

B: Yes, everthing is ready. The inspection is over.

A: Is there anchor outside?

B: (1) There is no anchor outside.

(2) Starboard (port) anchor is outside.

A: Pick up your starboard (port) anchor before single up.

B：Anchor is up.

A：Single up fore and aft.

B：We have single up fore and aft.

How do you use the tugs?

A：(1) One is used for pushing the bow and the other towing the stern.

(2) One towing forward and other pulling aft. Please send a fore towing line from port (starboard) bow for the tug boat.

B：The tugs are fast.

A：All clear aft.

B：All clear aft.

A：Stand by engine.

B：Engine is ready.

A：Slow ahead.

B：What is red light in front of us?

A：Oh! That is the harbour launch, she is going to clear the channel for us.

B：Are we going out directly?

A：(1) Yes, we are going out directly.

(2) No, we must slow down to wait for tide.

(3) No, we have to anchor outside to wait for tide.

A：Captain, it is time to start. Half ahead.

B：Do you want more speed?

A：Yes, as quick as you can.

B：It is raining now.

A：Yes, too much rain comes into bridge, please close the window.

B：The window is closed.

A：The fog is coming, the visibility is very poor, is your radar in good condition?

B：Certainly, it is in good condition, Can we use the radar now?

A：Yes, we can use it, but we have to get the permission from the harbour officer. Please send a man to the harbour office to ask for permission.

B：Mr. Pilot, harbour officer has agreed.

A：Switch on the radar. Is the radar working now?

B：Yes，what range do you want?

A：I want four miles. Can you find the next buoy?

B：(1) Yes，it is on the port side about ten degrees.

(2) No，the buoy is too small，I can't distinguish it.

A：What are the small bright points on the port bow?

B：I think they may be the junks.

A：The sky is clear，we are ready to get under way. The pilot boat is coming. I'll leave your ship，Good-bye.

B：Good-bye.

Vocabulary

break out 准备使用	scale 标尺，比例尺
harbour office 港口办公室，港务局	thoroughly study 全面阅读，仔细研究
launch 小艇	tug 拖船，拖轮
inspection 检查	visibility 能见度，视程
junk 木帆船，舢板	

LESSON FOUR

QUARANTINE INSPECTION

Dialogue

A: Quarantine officer   B: Captain

A: Good morning, Mr. Captain. I'm from Quarantine Office, my name is Baker, the quarantine officer.

B: How do you do, Mr. Baker. Please takes a seat. What do you prefer, tea or coffee?

A: Chinese tea, please. This is the Maritime Declaration of Health, please fill it up and sign here.

B: Thank you, I'll ask my purser to do that.

A: Where did you come from?

B: We came from Manila, we left there on August 20.

A: How long did the ship take you from Manila to here?

B: It took us 6 days.

A: Did you call at any intermediate ports on the way?

B: No, we have directly come to this port. When do you start the quarantine inspection?

A: We'll start right now. How many members are on board? Are there any passengers?

B: I have a crew of 50. No passengers on board.

A: Have your officers and crew been in good health?

B: (1) Yes, they are all in good condition.

   (2) Yes, they have been in good health.

A：Is there on board any disease you suspect to be infectious?

B：No，none at all.

A：Please show me the crew's Yellow Book.

B：(1) Here they are.

(2) The crew's Yellow Books are all here，none of them is expired.

A：When was the last deratination carried out on your ship?

B：It was carried out on July 15.

A：Will you please show me your Bill of Health and the inoculation certificates of the crew?

B：This is Bill of Health and there are the inoculation certificates of the crew.

A：Do you have any doctor on board?

B：Yes，we have got a surgeon on board.

A：Do you have any fruit on board?

B：Yes we have some apples and oranges.

A：Please tell your crew not to take any fruit ashore；it is prohibited in this port.

B：Yes we'll tell them.

A：Now captain，you are granted pratique and there is your entrance permit. The quarantine is over. Please haul down the Yellow Flag. I'm leaving now. I wish to see you next time.

B：Thank you very much. See you next time.

Vocabulary

acute 急性的

bill of Health 健康证书

cholera 霍乱

collapse 虚脱

deratization 灭鼠，除鼠

diarrhoea 腹泻

eruption 发疹

expire 期满，期限终止，开始无效

glandular swelling 淋巴肿大

pratique 检疫证，无疫通行证

purser 事务长

quarantine inspection 检疫

rash 疹，皮疹

relapsing fever 回归热

smallopox 天花

surgeon 外科医师

symptom 症状

typhus 斑疹伤寒

intermediate port　中途停靠港　　Yellow Book　黄皮书，检疫证书

infectious disease　传染病　　　　yellow fever　黄热病

jaundice　黄胆　　　　　　　　　inoculation certificate　防疫证书，防疫证件

Yellow Flag（Q flag）

　　检疫信号旗（因为旗是黄色故称黄旗）

Manila　马尼拉　　　　　　　　plague　鼠疫

Maritime Declaration of Health

　　海上健康申明表

LESSON FIVE

CUSTOMS INSPECTION

Dialogue

A: Captain   B: Customs officer

A: Are you a Customs Officer? I'm the Captain.

B: How do you do, Mr. Captain. I come from the customs.

A: Everything is ready. Shall we go through the customs formalities now?

B: Well, we shall start to go through the formalities now.

Please show me your cargo manifest, Last Port Clearance and the Crew List.

How many tons of cargo you get on board? Is there any dangerous cargo?

A: We have got 2 000 tons of general cargo in all, no dangerous cargo on board.

B: Let me have a look at your Ship Registry, please.

A: Here it is. This volume contains all the ship's certificates.

B: Thank you. Have you filled up the Declaration of Crew's Baggage (luggage)?

A: Yes, our purser has filled up all the items of the crew's belongings in that form.

B: That's fine. Captain, please tell your officers and crew that only 200 cigarettes for each person and one bottle of spirits for each officer and allowed for consumption during your stay in our country and others should be kept sealed in the Bonded Store.

A: Thank you. We'll do so.

B: Do you have any medicine on board, I mean the narcotics, such as opium, morphine, etc?

A：No，but we have got some cocaine and codeine，just for medical injection.

B：Oh，they are also anesthetics and must be sealed up. Now Captain，we are going to check and seal the Bonded Store，and also Arm Store. As for the narcotics，you may ask your surgeon to lock up. We will seal them only，then the dispensary can be still available. Would you please ask your purser to go with us?

A：Certainly，I'll ask him to go with us.

B：Everything is right. Thank you.

A：Thank you!

Vocabulary

anaesthetic　麻醉剂，麻醉品

arm store　武器仓库

bill of lading　提单

bonded store　报税物资仓库

cargo manifest　货物清单，货物舱单

crew list　船员名单

crew's belonging　船员个人物品

customs　海关

customs formalities　海关手续

customs inspection　海关检查

dangerous cargo　危险货物，危险
　物品

declaration of Crew's Baggage
　船员行李清单

dispensary　药房

documentation　提供的文件

expiring day　期满之日

guide to port entry　进港指南

landing permit　登陆许可证，登岸许可证

patrol　巡逻

shore pass　登陆证，登岸证

ship's papers　船舶文件

ship's Registry　船舶证件，船舶证书

seaman's book　海员证

LESSON SIX

SAFETY INSPECTION

Dialogue

A: Radio officer   B: Safety insector   C: Captain

C: Allow me to introduce Mark Swan to you. He is the radio officer of my ship. He will accompany you for inspection.

B: How do you do?

A: How do you do? Glad to meet you.

B: Glad to meet you, too. Would you please show me the ship's station license?

A: Yes, with please. Here you are.

B: What's the call sign of your ship?

A: It's HOPH.

B: What's your public correspondence category?

A: CR (Open to limited public correspondence) .

B: What are your frequencies?

A: The radio telegraph transmitter frequency band are X (415-535 kHz) and Z (4 000-25 110 kHz); The radio telephone transmitter frequency bands are T (1 605-4 000 kHz), U (4 000-23 000 kHz) and V (156 000-174 000 kHz) .

B: How about the conditions under which the station must be operated?

A: The main transmitter and receiver must be operated on AC 220 V. The reserve transmitter and receiver can be operated on AC 220 V or DC 24 V. The VHF can be operated on AC 220 V or DC 24 V, too.

B: How many radio operators are there on board?

A: Only one, but now he isn't on board.

B: Now I want to check the radio log.

A: A moment, please. Here it is.

B: Did you enter in the log the time at which you went on and off watch?

A: Yes, I did.

B: Did you enter all incidents connected with the radio service?

A: Yes, of course.

B: Did you write down the details of the maintenance of the batteries?

A: Yes.

B: Did you record the tests of the reserve transmitter and source of energy?

A: Yes, I did.

B: How often do you test your portable radio set on the lifeboat?

A: About once a month.

B: Well, the transmitter should be tested once a week at sea. Please turn on the main transmitter. Let's check if it is capable of being quickly connected with the main antenna.

A: OK.

B: Please switch on the main receiver. (After having a look) The receiver works simultaneously with the emergency transmitter. Can the receiver the distress frequency and the classes of emission assigned by the Radio Regulation?

A: Yes, it can.

B: What about your serve source of energy?

A: the reserve source consists of accumulator batteries, which are charged from the ship's electrical system. Under all circumstances it can be put into operation rapidly.

B: Please supply the power by hand operation.

A: All right.

B: Good. Now, I want to check the auto alarm and automatic keying device. Please let the latter actuate the former, and make it ring. (The auto alarm doesn't ring after dashes.)

B: There's no doubt that there's something wrong with the alarm or the keying device. Please find out the season and get it repaired at once.

A: Yes.

B: Let's go and check the direction finder.

A: This way, please.

B: When did you last adjust the direction finder?

A: Two days ago.

B: Where is the Correction Curve of DF?

A: Here it is.

B: OK. Thank you for your cooperation.

A: You are welcome.

B: Captain, generally speaking, your radio officer works well. But I hope you will urge him periodically to check all items of the radio equipment.

C: Sure, I'll ask him to do it.

LESSON SEVEN

PORT INSPECTION

Dialogue

[1]

ENTRY AND DEPARTURE (1)

A: Captain   B: Quarantine officer   C: Purser

D: Customs officer   E: Immigration officer

B: Good morning, Captain. I'm quarantine officer. Are you ready for your health inspection?

A: I think so.

B: What are your last port of call?

A: Hongkong.

B: Is there any epidemic there?

A: No, sir.

B: Are all your crew and passengers in good health?

A: We are all in good health expect the third officer who is ill in bed.

B: I'm sorry. Is he serious?

A: Not so serious. Our doctor said he's had only a cold.

B: We've finished. I'll grant you a pratique. Let down the quarantine flag now.

A: Thank you, sir.

D: Captain, have you gone through the customs formalities?

A: Not yet. We are just going to do it.

D：Are all the cargos to be landed at this port?

A：No, about two thirds are to be discharged here and the rest at ××× port.

D：Now I need to see your store list.

A：Here it is.

D：Where did you buy all the food?

A：Tokyo, Japan.

D：I would like to check the food supplies later, if you don't mind.

A：Certainly. I'll help show you where everything is.

D：Thanks. Are there any prohibited articles in your possession?

A：I think so. My crew know any article not declared will be regard as smuggled goods.

D：That's fine. And could you please fill out this customs declaration?

A：Sure. I'll do that right now.

E：Captain, I need to see your crew list.

A：Here you are.

E：Twenty four crewmembers. Are they all on board?

A：Yes, they are.

E：I would like to see everyone's passport, please.

A：OK. I have got all their passports collected for your inspection.

　　(After checking the passports)

E：Everything seems to be in order. It says on your passenger list that you are carrying passenger. May I see him here?

A：Of course. I'll call him to this room immediately. (a few minutes late) Mr. Wang, these men would like to ask you a few question.

D：Excuse me, I'm Customs Officer. Did you bring any luggage with you?

Mr. W：These trunks and bags are all that I have.

D：I see, aren't there any thing to declare?

Mr. W：Nothing so far as I know.

D：I will have to check your luggage.

Mr. W：No problem.

D：Now all right. You have passed it.

E：May I see your passport?

Mr. W：Here it is.

E：I see you have the necessary visa. Captain, fill in the application from for his shorepasses and sign it.

A：When can we get our shore passes?

E：Right now.

A：Thank you, sir. Would you care for some lunch?

E：No. Thanks.

[2]

ENTRY AND DEPARTURE（2）

A：Captain   B：Harbor officer   C：Duty officer

C：Good morning, gentlemen. I'm the duty officer.

B：Good morning, Sir. We are the harbor officers. Could you tell me where the Captain is?

C：This way, please. The captain is in his cabin.

（In the cabin）

C：Captain, here are the harbor officers.

A：How do you do? My name is Mark Swan.

B：How do you do. My name is Wang Ming. I'm from Dalian Harbor Superintendency Administration. Welcome to Dalian.

C：Thank you. Sit down, please. Would you like a cup of coffee or a soft drink?

B：Soft drink, please. Captain, Let's go through the entry formalities for your vessel. I hope you'll cooperate well with us.

A：Sure.

B：Now, could I have four copies of your crew list?

A：I'm sorry. I've only made three copies. But never mind, I'll ask my purser to make one more copy for you.

B：OK. Captain, I need two copies of the Entry Report, too.

A：Here you are.

B：The name of your ship is Blue Sky?

A：Yes.

B：What's the ship's nationality?

C：Italian.

B：When was the ship built?

A：1988.

B：What was your last port of call?

A：Singapore Port.

B：Your deadweight tonnage?

A：It's 7 600 dwt.

B：What's the length of your vessel?

A：It's 100 meters.

B：What's the greatest breadth?

A：It's 18 meters.

B：What's the depth?

A：It's 6 meters.

B：What kind of engine do you have?

A：Diesel.

B：And the horsepower of the engines?

A：9 500 kW.

B：What cargo is your ship loaded with?

A：Steel tubes, cars and motors. By the way, do you know when it is possible to start discharging?

B：There is another vessel at Berth No. 10 right now which is expected to sail within 24 hours. So I would say that you will be moving to the discharging berth within 24 hours.

A：That's all right.

B：Please show me the Safety Inspection Report or Report on Port State Control issued by the last port Authority.

A：Here you are.

B：Thank you. How are you going to deal with the deficiencies required to be improved in this port by the authorized surveyor of the last port?

A：Can these two items of deficiencies be solved in this port?

B：I think so. You can make an application through your agent. It's not difficult to solve them here.

A：Is this kind of equipment available here?

B：No. I'm afraid you can't get it here.

A：Sorry to hear that. Thank you anyway.

B：Captain，are all the departure forms ready?

A：What forms are you referring to?

B：The Departure Report，Crew List，Cargo List and Cargo Manifest，etc.

C：Yes，they are all ready here.

B：How many tons of cargo have you loaded at this port?

C：2 700.

B：Are there any dangerous cargoes on board?

A：Yes，we have loaded 100 ton dangerous sulphur under supervision of the Harbor Superintendency Administration.

B：I see. Is there any replacement of your crew?

A：Yes，the second engineer has left this harbor for home on holiday，and another one has come to take over the work. May I call him in?

B：No，Just show us his passport and Certificate of Competency. Captain，What's your destination?

A：Hamburg，Germany.

B：What's your next port of call?

A：Hongkong，to take some cargo.

B：Captain，do you have any passenger on board?

A：Yes，there are two. They are going to Honkong.

B：Could you collect their passports for checking? And make four copies of the Passenger List with their name，sex，age，nationality，address and so on.

A：OK，I'll ask my purser to type it.

B：Are you clear with the Customs and the Frontier Defence?

A：Yes，we are.

B：OK，here is the Port Clearance.

A：Thank you. Goodbye.

B：Goodbye.

LESSON EIGHT

THE DECK LOG

Examples

Some examples of entries made in deck log are given as follows:

(1) Proceeding

0400	C175 ℃ (T), ΔG 0°.
0420	A L. H. ab'm, dist 5'off.
0500	Look out reported: a red light appears port bow 20°, dirst ab't 3'.
0530	sky clear; star sights, posn: Lat××°N, Long××°E.
0600	B L. H. Bg290° (T), Y Mt. Bg192° (T).
0630	A/C to 160° (T) .

(2) Entering harbor

0400	cloudy, Vis 2'5.
0420	Entrance buoy in sight.
0430	S/B eng, slow ah'd.
0500	Notified E. R. Got ready for anchor.
0520	Pilot boarded.
0540	Arrived at Q'tine anchorage; Stopped eng; dropped anchor; turned on anchor light. AP: E L. H. on 075° (T), 3'.2 off, depth 12 m. Hdg. 300°(T) .
0550	Brouht up, 5 shacles in water, turned out navigation lights. F/W eng. Waiting for port entry formalities.
0600	Q'tine officers boarded for Q'tine inspection, hoist Q flag, turned out anchor light, hoist anchor ball.

0630   Granted pratigue，Q′tine officers left ship. Lower down **Q** flag.

0640   Customs and immigration officers boarded.

0720   P′d port entry formalities，customs and immigration officers left ship.

0725   Eng. Got ready.

0730   Start to heave anchor，Lower down anchor ball，and proceeded toward berth under Pilot's orders. C/O and carpenter on head for look out. Half ah′d.

0745   P′d No 1 light buoy on port side.

0752   P′d No 2 light buoy.

0800   P′d B. W. E.

0810   Fore and aft station are manned and ready.

0820   Took tug A on st′d bow and B on st′d quarter.

0830   Send out head and stern lines.

0840   Send out fore and aft springs.

0850   Ship on posn；all made fast.

0900   F/W eng，pilot left ship and tugs dismissed.

(3) Leaving harbor

0000   Switched on gyro compass.

0200   NE Winds/3 4，Vis. 5′.

0430   Q′tine，Customs，Immigration officers boarded for clearance formalities.

0500   Formalities cleared，boarding officers left. Pilot boarded.

0520   Anchor aweigh，S/B eng.

0530   Slow ah′d. Steer on No. 101 buoy.

0545   Hdg 060°(T) .

0600   P′d B. W. E.

0620   Pilot left ship.

0630   C 110°(T) .

0700   A/C to 135°(T) .

Vocabulary

A/C (alter course)　航向转到　　　　　　ab′m (abeam)　正横

ab′t（about） 大约

accident 事故，意外事件

AP（anchorage posction） 锚位

bg（bearing） 方位

C/O（chief officer） 大副

catch 渔获物

damage 损坏，损伤

Deck log 航海日志

Eng（engine）车，机器

F/W eng.（finished with engine）
用车完毕

hdg（heading） 船首向

historical value 历史价值

Log book 航海日志

L. H.（Lighthouse） 灯塔

Meeting 会议

Mt（mountain） 山头

particulars 细节

pson（Position） 船位，位置

p′d（passed） 通过

Q′tine（quarantine） 检疫

R. M.（engine room） 机舱

S/B（stand by）准备

Ship's log 航海日志

Star sight 测星

trawling 拖网，拖网作业